U0025087

| 生活風格 086 |

非買不可！ IKEA 的設計

「買わずにいられない！」
イケアのデザイン

日經設計／編　陳令嫻／譯

編者序

進軍世界52個國家，展店超過300家門市，營業額突破4兆日圓，全球最大家具與雜貨品牌IKEA成功的祕密，就是「大眾化設計（Democratic Design）」。

一般提到設計，討論的都是「外型」或「顏色」，但是這些要素只不過是設計的一環。對IKEA來說，設計是「為大多數人創造更美好的生活」的手段，無論是價格、功能，還是品質，以及近年備受矚目的永續發展，都是設計中的重要元素。

究竟IKEA的設計是如何誕生，又是如何抓住消費者的心呢？我們前往IKEA所在的瑞典採訪，為大家解開這個謎題。

為了做出大眾化設計，IKEA徹底深入消費者的家中，進行「家庭調查（Home visit）」，不只設計師和技術人員，包含企劃負責人、製作型錄與廣告的總監和文案人員、門市的陳列設計師和物流倉庫的負責人等，所有相關工作者都會參與。實際觀察調查對象的生活，認真找出居家生活中的問題點與解決方法。透過家庭調查，不斷創新的態度，正是IKEA受到消費者喜愛的祕訣。

為什麼IKEA這麼受歡迎呢？希望各位讀者可以從本書中了解IKEA的本質。

日經設計編輯部

（插圖：平井さくら）

目次

本書包含《NIKKEI DESIGN》月刊刊登過的報導，
重新增修、編輯過的全新內容。
原始報導如下：

序章／14～19頁
第1章／24～43頁
第2章／48～73頁
第3章／78～109頁
第4章／114～137頁、146～155頁
——特集「誰も知らないIKEA人気の秘密を探る」2015年4月号

第4章／138～145頁
——特集「選ばれるもてなしのデザイン」2012年1月号

第4章／156～159頁
——特集「市場に届く文字の形と言葉の形」2009年4月号

第4章／160～167頁
——特集「食を囲むデザインが生活市場を開く」2008年11月

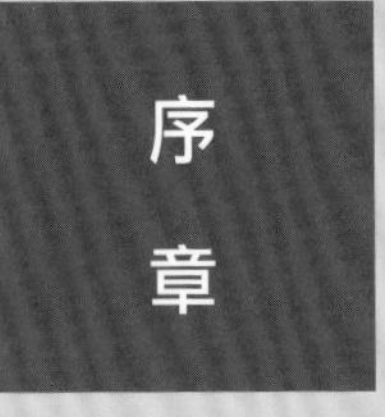

序章

認識IKEA

IKEA不為人知的小常識

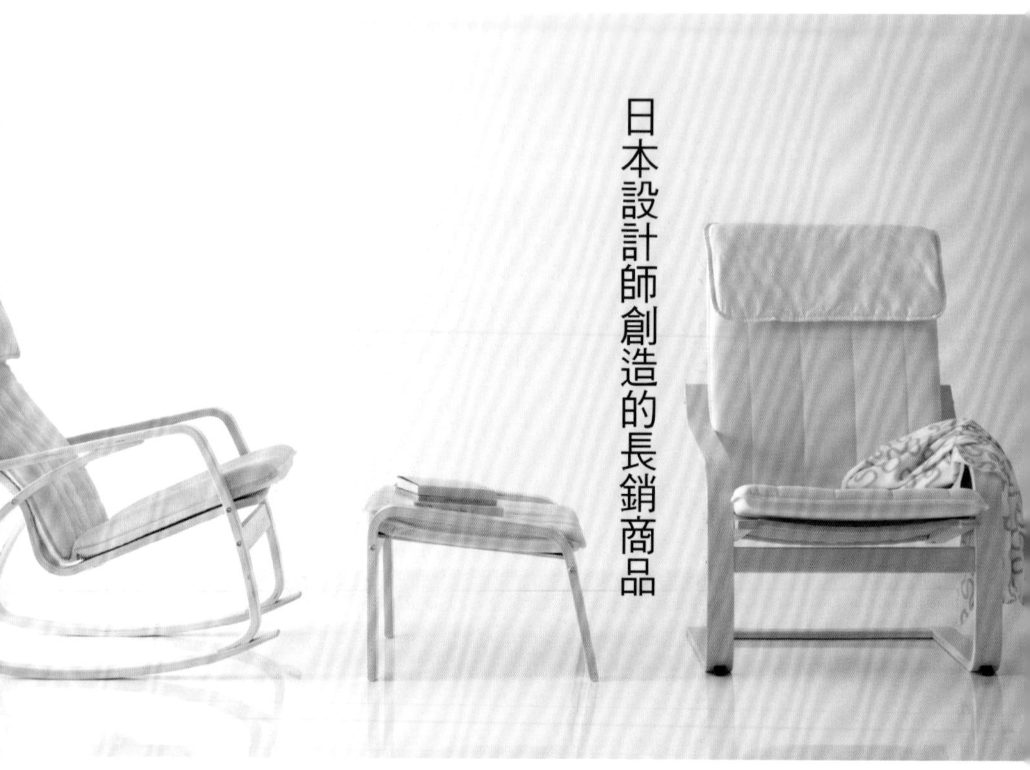

扶手椅「POÄNG」

IKEA的長銷商品。由1973年到1978年間擔任IKEA專屬設計師的中村昇所設計的扶手椅「POÄNG」，前身是1976年設計的「POEM」。

不斷進化的經典商品

經典商品也持續改良

「BILLY」書櫃系列是1979年推出的經典商品，IKEA經常重新檢視產品的品質，包含材質、強度、是否環保等，此系列曾在2015年進行過改款。IKEA就連經典商品也不斷進化。

燭台「VÄSNAS」

玻璃燭台「VÄSNAS」的曲線造型很有特色，售價只要日幣49元（台幣定價15元）。光是放著，就能為餐桌妝點出不一樣的風情，可說是最符合IKEA風格——兼具合宜價格與漂亮設計的商品。

聖誕節前夕的熱門商品

一定會銷售一空的冷杉聖誕樹（台灣未販售）

每年11月中旬開賣的冷杉聖誕樹，是各家分店沒幾天就會銷售一空的人氣商品。只要在過完年的指定期間內拿回門市，就可以換取IKEA購物券，獲得實際的現金回饋。

廚房也是IKEA價格

IKEA不只販售家具和雜貨，也推出了系統廚房。設計處處充滿巧思，價格也十分親民。水槽、抽風機、櫥櫃門板等零件都能分開購買，不論是要打造新廚房，還是整修或重新裝潢，都很方便。

為什麼要賣肉桂捲？

宣揚瑞典文化

IKEA餐廳的菜單，強烈反映出瑞典文化。對於瑞典人來說，肉桂捲不僅是食物，更是瑞典文化中宣告下午茶時間（Fika）開始的象徵。在IKEA的食品賣場「瑞典食品超市」也買得到。

與IKEA有關的數據

2015年全球營業額高達319億歐元，身為全球最大的家具製造與零售商，IKEA的影響力之大，足以讓某家調查公司說：「看IKEA的業績，就知道全球的景氣動向。」高達百分之十的淨利率，在零售業界僅次於LVMH集團。利潤是判斷企業品牌力的重要指標之一，因此可說IKEA受歡迎的程度，幾可媲美LVMH集團旗下的精品品牌路易威登（LOUIS VUITTON）。

不只全球表現亮眼，IKEA在日本的發展也十分順利。2014年的營業額（2013年9月1日～2014年8月31日）已達771億日圓，超越大塚家具（譯注：日本知名的家具公司，商品以高級家具居多，近年來開始轉換路線），並希望能在2020年將營業額翻倍，提高至1,500億日圓，在日本市場成為與宜得利和良品計畫勢均力敵的家具與生活雜貨品牌。

在型錄封面上可以看到各國語言

型錄裡的照片都是在位於瑞典阿姆胡特（Älmhult）的攝影棚所拍攝的。圖為在各國、以不同語言發行的IKEA型錄，整齊陳列在書架上。

為了追求更進一步的成長，IKEA正在大幅改革生產製造與設計的機制，包含建立透明公開的生產機制，以激發源源不絕的創新、持續提升調查的能力，才能更加了解顧客的需求，並將之轉換成獨具吸引力的商品。

IKEA從設計到生產流程中，隱藏了許多值得日本設計、製造相關從業人員學習的祕訣。這個來自瑞典的品牌，為什麼能在全世界各地廣受消費者的喜愛呢？以下就將透過我們在瑞典與日本的採訪，為大家揭開答案。

正在日本各地擴散的IKEA

2006年4月，隨著IKEA船橋店開幕，IKEA正式進軍日本市場。為了提高商品運送至各門市的效率，還在愛知縣成立了IKEA彌富物流中心（此處不販售商品）。

不只日本，IKEA在世界各地都越來越受歡迎

全球第一的家具製造商，至今依舊持續成長

全球營業額

342億歐元

※2015年9月～2016年8月底

年度利潤高達42億歐元，目標是在2020年之前達到營業額500億歐元。

全球門市

340間

※截至2016年8月底為止

創辦人英格瓦・坎普拉在瑞典的阿姆胡特創立了IKEA的第一家門市，現在已是全球最大的家具零售公司。

全球員工總人數

約**16**萬**3600**人

歡迎各式各樣的員工，IKEA認為多元化的員工是引領IKEA走向成功的重要關鍵。

IKEA of Sweden的
專屬設計師

15名

IKEA的專屬設計師共有15人，另外還有90名左右的外部配合設計師，一同負責所有IKEA商品的設計。

1年之間
推出的新商品

約2,000種

門市販售的商品，約有9,500種，每年會更換2,000種左右的新商品。

日本的員工

約2,700人

日本辦公室也引進瑞典的下午茶文化Fika，在工作時可以享用點心和咖啡，稍事休息。

每年推出兩千種新品，由大約一百名設計師設計

第1章

IKEA的理念是大眾化設計

「大眾化設計」是
IKEA最重要的信念

new throug
atic sustaina
design

何謂大眾化設計？

IKEA的目標是「為每一個人設計」

自2006年第一家門市船橋店開幕以來，IKEA為日本的居住環境帶來許多改變。IKEA受歡迎的理由不只是商品的設計感，還有實惠的價格。徹底堅持低價，強化了IKEA的競爭力，促使營業額年年成長。

IKEA認為，價格是開發與設計商品時最重要的課題之一，因此開發商品時，會先設定價格，再進行開發。為了在全世界的門市都能販售相同品質的商品，除了設計師之外，精通材料、品質、永續發展的專家和負責包裝商品的員工，都會加入商品開發的行列。有利門市陳列的高效率包裝方式，正是IKEA達成低價目標的象徵。

商品開發的基礎是IKEA的設計哲學「大眾化設計」，意指「為每一個人設計」。這個理念中包含了IKEA設計的五大要素——「形式」、「功能」、「品質」、「永續發展」及「價格」。

在IKEA集團中，負責開發商品的單位是IKEA of Sweden，副執行董事（Deputy Managing Director）卡達麗娜・雷文納阿德烈（Catarina Löwenadler）女士表示：「功能卓越的商品，可以讓日常生活更加輕鬆，而耐用、安全的品質和永續發展，也十分重要。為了讓更多消費者負擔得起設計優良的商品，必須訂定低廉的價格。這五大要素，若有其中一項特別突出或缺乏，就不能算是大眾化設計。」

IKEA獨特的五大要素評分法

IKEA開發商品時，為了評估是否符合這五大要素，會使用到「五大要素評分系統」。在分別代表五大要素的五角形中寫下各個要素的分數，只有各要素表現平衡的，才能成為新商品問世。

設計，不只是外型好看

「形式」、「功能」、「品質」、「永續發展」、「價格」共五個項目都取得高分的設計，才能正式成為IKEA的商品結構、材料、風險等關於商品的各種資訊，都會整理成書面資料，由開發商品的團隊、技術人員、負責調度原料的採購經理、負責預測商品銷售的廣告經理，和對應顧客的客服經理等成員，共同根據這些資料為商品評分。

2014年才開始實施的五大要素評分法，也會用來評估長銷商品和過往推出的商品。根據評分結果，分數略有不足的商品便重新改良，分數表現很差的，就算是長銷商品也會面臨停產。由設計師以外的工作人員客觀評價商品，能使商品適用於更多人，更符合IKEA的特色。

IKEA訂定了許多必須在2020年之前完成的目標，例如達成全球營業額500億歐元；推出網路購物，營業額目標是總營業額的百分之十；使用森林管理委員會認證的林場所出產的木材等等。

大眾化設計的下一步，則是建立能促進使用者參與設計的機制。目前IKEA除了會到消費者家中進行家庭調查，往後還預定陸續舉行「焦點團體訪談（Focus group）」——在商品開發的階段，邀請消費者到IKEA of Sweden，參與對話形式的訪談，以及由消費者為商品打分數的機制等等。

為了達成提升營業額的目標，IKEA更加致力於從創業時期便不斷持續至今的大眾化設計。

商品，要讓更多人買得起

IKEA的設計哲學是「大眾化設計」，基於「好品質與好設計，應該要讓大多數人都能負擔得起」的理念，開發商品。

卡達麗娜・雷文納阿德烈（Catarina Löwenadler）是IKEA of Sweden的副執行董事（Deputy Managing Director），正在說明大眾化設計。

設計時就考慮到物流運送

能直接在門市陳列的商品包裝

大眾化設計的特徵，包含了將運輸效率最大化的商品包裝。在開發與設計商品時，從調度原料到運輸方式都一併考慮進去，才能做到便宜的定價。

商品包裝也下了一番工夫

瓦楞紙箱也控制在最低限度。改變部份盤子的擺放方向，就能在既有尺寸的瓦楞紙箱裝進最多商品。

「大眾化設計中心」改變了IKEA

IKEA式創新的祕密

即使是IKEA的管理高層，搭飛機時也是坐經濟艙；商品絕對不使用空運，一律海運或陸運；認為「搬運空氣是浪費」，所以採用省空間的平裝式包裝，以降低運輸成本……等等。雖然有時會被外界批評為「小氣」，但就是憑藉著這些徹底降低成本的作法，IKEA才能提供消費者更物美價廉的商品。

而且，有件事IKEA從來不小氣，只要有需要，便毫不吝惜的投入資金，那就是大膽的投資策略。

長期策略中的兩項革新

在IKEA集團管理高層中，負責領導開發與製造商品的IKEA of Sweden執行董事（Managing Director）耶斯柏・布洛登（Jesper Brodin）表示：「從長期的角度來看，只要最終可以帶給消費者好處，就算無法馬上轉換成利潤，我們也願意投資，這就是IKEA的強項。」

其中一個例子，便是IKEA把所有照明產品都改用LED燈泡。除了部份燈具仍使用鹵素燈泡之外，全面停止銷售白熾燈和螢光燈，一口氣推動燈泡LED化。布洛登表示：「我們知道白熾燈還是有市場，只要上架就一定有銷路，但是若不一口氣推行燈泡LED化，便無法大量生產，也就無法以便宜的價格提供耗電量少、運轉成本低的LED燈泡。考量到長遠的未來，就必須做出破釜沉舟的決定。」

眼光不侷限在當前的利潤，願意為將來而投資，因此平常必須儘可能節省，機會來時才有足夠的資金，可以放手投資。

布洛登目前正在推動兩項革新，其中一項是「生活的創新」，另一項則是「素材與技術的創新」，他認為這是未來IKEA成長時

設計，由此而生

2014年4月啟用的「大眾化設計中心」，一樓是每年生產超過兩千種試作品的工作室，二樓陳列開發中的商品原型，大方公開商品開發的進度與相關資訊。

不可或缺的兩項要素。

「生活的創新」指的是，為了提供人們更加物美價廉的生活，必須創造出能超越目前表現的嶄新商品，因此IKEA於2014年4月成立了總樓地板面積高達1萬5千平方公尺的新辦公室「大眾化設計中心（Democratic Design Centre）」。中心一樓的中央是所有相關人士都能進出的咖啡廳和廣場，四周環繞著每年生產超過2,000種試作品的工作室；二樓則陳列許多試作品，包含所有產品的原型、點子和商品開發時使用的素材樣本，在此都能一覽無遺。凡造訪大眾化設計中心的人都能看到IKEA內部所有專案的開發情況和進度，不只是設計師和技術人員等開發團隊、負責財務和採購的內部人員、外部合作的設計師與供應商等所有相關人士，都能參與商品開發，因此大眾化設計中心成為公開創新的據點。

素材改變商業模式

除了革新商品開發的創意來源，IKEA同時也在進行素材與製造技術的革新。

例如，大幅簡化家具的組裝方式，無需使用螺絲也能組裝的家具（參考第36和37頁）也是創新的一環。布洛登還拿出目前正在開發的瓦楞紙蜂巢板（參考第36頁）舉例，IKEA原本使用的家具板材，是在木質的塑合板中填入瓦楞紙的蜂巢構造，表面再貼上薄木片；而進化過的家具板材，不但能維持強度不變，也不再需要用到木質合板，只要有瓦楞紙便可製造。

布洛登非常期待這項技術，他說：「開發成功後，便能回收所有的IKEA瓦楞紙箱，來做家具的原料，建立完整的生產循環。瓦

培育點子和設計的空間

在大眾化設計中心，視線所及之處都張貼了IKEA關於製作與設計的思想。咖啡廳用來休息和討論，任何人都可以自由使用。

楞紙重量輕、成本低，對環境的負擔又小。這種新的材料一定會會為供應鏈帶來巨大的革新。」

不吝惜投入開發新素材，並且設立公開的大眾化設計中心，共享與設計相關的所有資訊，IKEA新的製造流程也開始成形。

2015年8月推出的「SINNERLIG」系列，由IKEA和英國籍創意總監伊爾絲・克勞福德（Ilse Crawford）合作開發，使用的材質是至今鮮少用於家具的軟木塞，商品線包含桌子和椅子等等。

布洛登表示：「來自英國的設計師，選用來自葡萄牙的軟木塞，兩者看似毫無關連，正是因為IKEA強化尋找新素材的能力，並且建立分享資訊的機制，這個系列才得以誕生。」

這就是IKEA目前正在建立的開發體制——能為設計師的點子增添血肉，持續創造不只低價、同時還極具吸引力的商品。

執行董事（Managing Director）耶斯柏・布洛登（Jesper Brodin）是IKEA of Sweden商品企劃開發的總負責人，也是IKEA集團八位管理高層中的一員。

追求組裝簡單、更加環保的材質

新的蜂巢板

上面兩種是IKEA現行使用的，內填蜂巢構造的木質塑合板，最下方則是正在開發中的瓦楞紙蜂巢板，完全不需要使用到木質合板。

無需使用螺絲釘的組裝方式 ❶

IKEA下工夫打造木釘和鑽孔。把木釘嵌進洞裡再滑動，就能將板材拼裝成家具，大幅降低了家具組裝的難度。

無需使用螺絲釘的組裝方式 ❷

板子加上木釘，就能拼裝家具而不需黏著劑。圖為木釘特寫。

無需使用螺絲的組裝方式 ❸

光靠組裝，就能讓蜂巢板維持家具應有的強度。組裝的難易度，也是IKEA設計的一環。

大眾化設計中心如何改變設計？

資深設計師心目中的設計開發

桌上陳列的各種產品原型和牆上的便利貼，幾乎都寫著「FY2017」。大眾化設計中心的二樓，陳列的全都是2017年才要推出的商品和資料，還有開發中的素材。

IKEA of Sweden資深設計師（Senior Designer）馬克斯．埃佛南（Marcus Arvonen）笑著為我們導覽大眾化設計中心，他說：「我們希望所有人在這裡都能共享資訊、參與創作，所以雖然我很不想這樣說，不過這裡全面禁止攝影喔！」

在設計中心裡，有以素材為主題，井然有序陳列了石頭、陶瓷、木材、玻璃和竹子等各式產品原型的區域；也有以加工方法為主題，陳列了「摺紙」、「曲木」和「鐵絲」的展示區；也有些區域以生活空間為區分，例如在「客廳」區，以「活力」等更為抽象的主題，分門別類展示織品等商品。

埃佛南表示：「我們不只希望大家都能在此參與檢視產品原型，也希望這裡能成為設計師、技術人員和供應商等所有相關人士的靈感來源，因此採用能呈現不同意義的多重角度來展示，以激發更多點子。」

訂定未來戰略的據點

設計中心陳列的不僅是產品原型，也包含正在研發中的素材，可說是IKEA決定未來生產製造方向與戰略的重要決策據點。

繼續參觀，可以看到有個牆面上整整齊齊貼著大量的便利貼。這裡展示著沙發、扶手椅和收納家具等各類開發中商品經過整理的資訊，各專案的進展情況一目瞭然。

這樣的資訊牆也是按照多重角度分區，例如不同風格的商品分類圖，是瑞典的古典風格？摩登風格？還是以價格為最高基準

馬克斯・埃佛南（Marcus Arvonen）是IKEA of Sweden的資深設計師（Senior Designer）。

呢？開發中的商品大約可分成將近10類，可以從牆上的資訊檢視開發重心是否偏頗、有哪一類還需要再增加新的商品品項等等。

目前IKEA正在傾力開發的，是符合新生活形態的系列商品提案。在這一區的資訊牆上，不只可以看到開發進度，也說明了開發此系列商品的緣由，其中一項背景，正是世界各地期盼在狹窄空間中享有豐富生活的人口逐漸增加。從IKEA的家庭調查中，相關人員可以共同了解現代生活型態的發展方向。

設計中心透過調查，收集訂定商品戰略時所需的各種資訊；設計師將資訊分類和視覺化，將設計中心打造成為訂定商品戰略的重要決策據點。對IKEA來說，設計師不只決定商品的形式，同時也負責將龐大的資訊視覺化，領導公司訂定戰略和方向，這也代表設計師的工作，在整個生產流程中，往上提升了一步。

大眾化設計中心的二樓

陳列刺激靈感的產品原型

設計中心依「石頭」或「摺紙」等各式主題，分門別類展示各種產品原型。就算跟自己負責的業務範圍無關，觀察其他商品開發的過程，也可能成為未來開發商品的靈感。

所有資訊都貼在資訊牆上，眾人皆可一目瞭然

資訊牆上公開所有開發專案的資料、開發狀況、開發背景所隱含的生活需求與難題等等。每一個人都可以從各種不同的角度檢視所有資訊，對於制定商品戰略，也很有幫助。

運用尖端科技，檢視開發結果

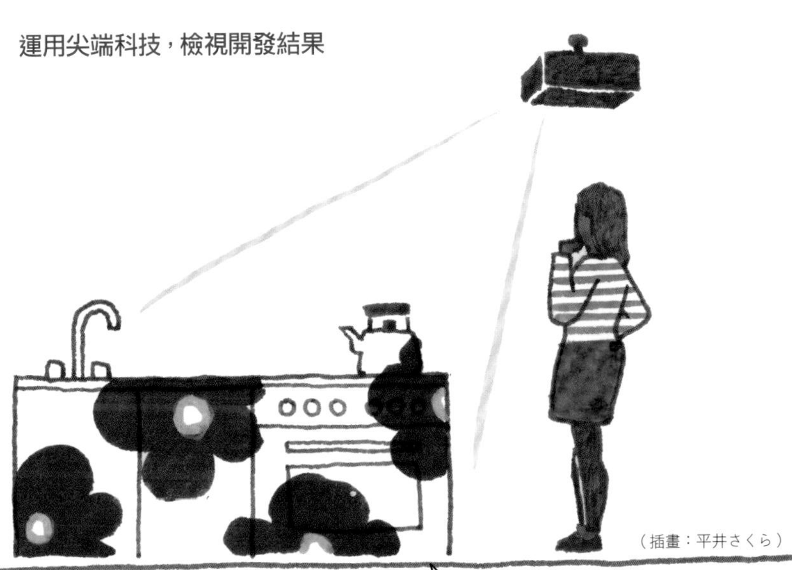

（插畫：平井さくら）

一比一大小的全白廚房模型搭配光雕投影，可以確認設計的圖案和廚具的排列位置等等。

第2章

深入製作產品的現場

IKEA在創業之地——
瑞典阿姆胡特（Älmhult）
進行商品開發。

潛入阿姆胡特！探訪IKEA的開發據點

白雪紛飛的創意據點

IKEA所有商品的設計，都在阿姆胡特的IKEA of Sweden進行。

IKEA的相關企業都集中在阿姆胡特

阿姆胡特是IKEA第一間門市開設的地點，直到現在依舊有許多IKEA相關企業集中在此。至於IKEA總部則設於荷蘭的萊登（Leiden）。

啟發想像力的空間

採用挑高設計的大廳，是通往創意的入口。

開放式會議空間

進入大廳後，有一個擺放著許多桌子的會議空間，任何人都可以在此輕鬆交換意見。

享受自由對話的空間

大眾化設計中心的一樓設置了沙拉吧和咖啡機，開起會來更起勁。

製作商品的專家們

負責設計、企劃開發和試做產品原型的團隊等等，所有與開發商品相關的人才，都集合於此。

在這裡將創意具體化

樓梯與廣場合為一體的自由空間

大眾化設計中心的中央，是連結一、二樓的階梯，同時也是可以席地而坐的廣場，人來人往。

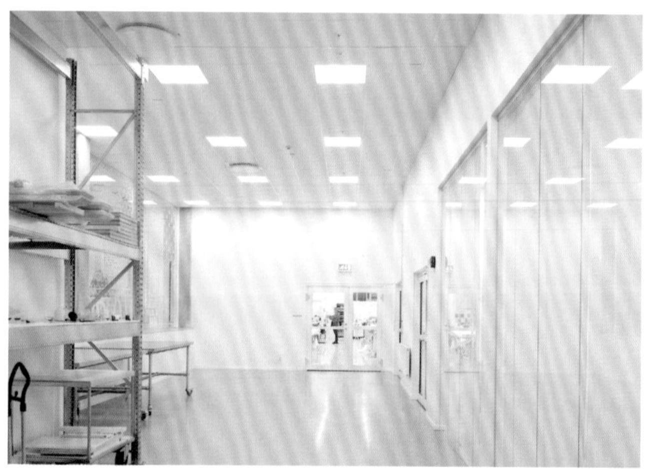

在公司內部製作產品原型

一樓的階梯廣場兩旁，是使用各種素材與工具，製作家具等各種產品原型的工作室。

可以自由改變家具位置的多用途空間

把桌椅搬走，就能把大眾化設計中心的一樓，併成一個大空間來使用。

為牆面增添色彩的視覺設計

IKEA社內牆面裝飾了許多視覺效果強烈的畫作，讓員工在藝術品的包圍下，開發商品。

設計中心裡的展示幾可媲美博物館

寬敞的展示空間

展示間裡陳列尚未發表的新商品，寬敞的空間如同餐廳般舒適，還配備有咖啡機。

體驗最新商品

寬敞的展示空間裡，擺滿各式商品，還可以在這裡搶先享用IKEA的新商品碳酸水。

回顧IKEA的設計史

為了全新開幕的博物館，IKEA正忙著收集過去的名作。

1983年開始採用瑞典國旗的色彩

自1943年創業以來，IKEA換過好幾次Logo，直到1983年才採用跟瑞典國旗一樣的藍黃組合。

試作品工作室和產品測試實驗室

潛入將創意具體化的兩大重鎮

IKEA門市一共販售9,500種商品，每年會推出約2,000種新品。主責開發商品的IKEA of Sweden擁有15位專屬設計師和90位外部設計師，同時進行150項專案，設計3年後要推出的商品。

IKEA有兩個負責支援所有商品開發的重要單位，即使是內部員工也很難踏進這兩個地方。

一個是位於大眾化設計中心的「試作品工作室（Prototype Shop）」，配備有織品直噴機和3D列印機，可以在此運用各種素材試作產品原型。

另一個則是位於另一棟建築的「產品測試實驗室（Test Lab）」。在試作品工作室製作的產品原型和各種開發中的商品，都會送到此處進行耐用度等的測試。

試作2,000種商品的夢幻工作室

試作品工作室約有30名員工，分屬於「3D列印機」、「家具材料」、「木材」、「塗料」、「金屬」、「包裝」等不同部門，每個部門都有試作的專家跟專業設備，萬事俱備，只等新設計到來，即可試作。

2003年即引進的3D列印機，有「Dimension SST」和適合試作大型商品的「Fortus 900mc」等機型。織品部門配有織品直噴機，可以直接把圖案印刷在織品上；也備有許多製作沙發坐墊的材料，可以檢驗試作品坐起來是否舒服。塗料部門的機器最少，正因為是手工作業，才能靈活應付設計師的一切要求。金屬部門則配有裁切和加工用的水刀。每年有2,000種試作品從這間工作室中誕生。

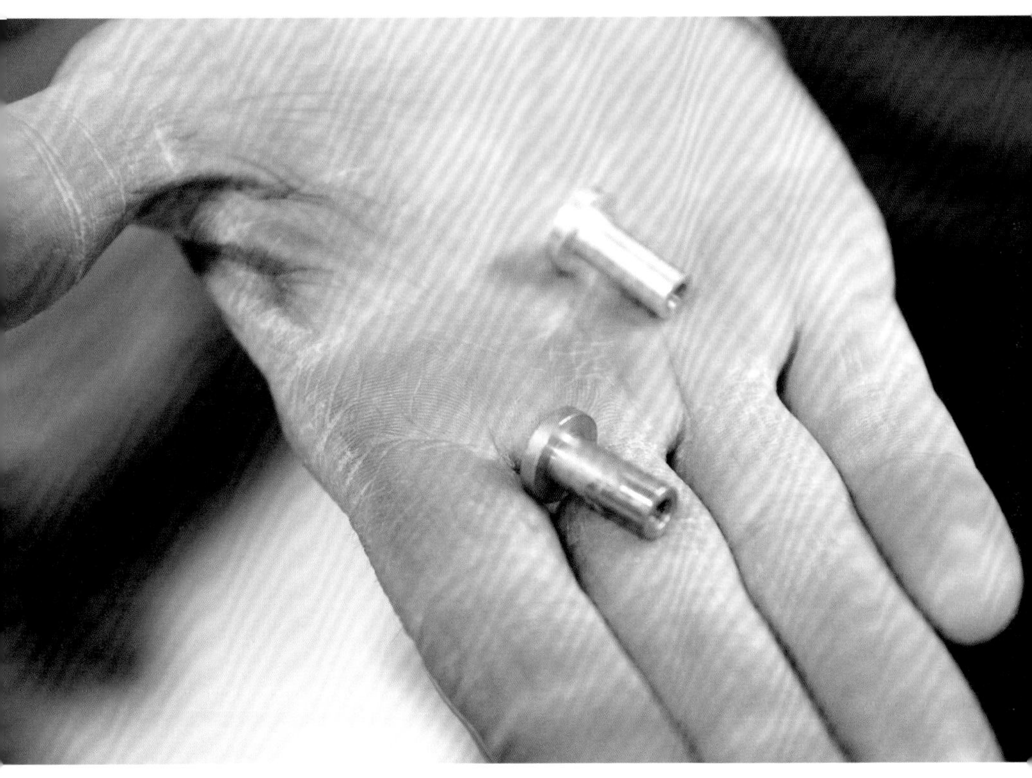

小螺絲也能自己做

試作品工作室連金屬螺絲等小零件，也做得出來，工作室裡配有可以裁切金屬的水刀，和延展金屬的機器。

至於產品測試實驗室，主要負責測試開發中的商品。織品部門會將布料清洗400次，以測試耐用程度。化學與織品部門則測試素材在不同濕度下，會產生什麼樣的改變，或者是白色的沙發是否會沾染上牛仔褲的顏色、碰到水是否會染色等等。

在裝滿LED燈的房間，工作人員會反覆開關，直到燈泡壞掉；另外，還會利用專門的機器與重物，在椅子或書櫃上加壓，測試負重與耐用程度。模仿消費者的使用方式，反覆、確實的檢測產品的品質。

IKEA也會了解消費者退貨的原因，將之反映在測試或品管標準上，經常重新檢討產品測試的標準，目前正在考慮擴大產品測試實驗室。

試作品工作室就位在設計師工作的大眾化設計中心，距離產品測試實驗室走路也只要幾分鐘就到。以堅實的後援體系，支持設計師將點子具體實現，這就是全球最大的家具製造與零售商IKEA的作法。

負責測試，以提升產品品質的重要據點

家具、織品和燈具等產品的壽命檢測，都是在產品測試實驗室進行。IKEA模仿消費者的使用模式進行測試，以確保產品品質。

試作品工作室堪稱素材寶庫

PATTERN SHOP

3D PRINT
UPHOLSTERY
WOOD

LACQUER
METAL
PACKAGING

負責製作所有產品的原型

試作品工作室是製作家具等產品原型的地方。3D列印機、各種素材和加工設備，一應俱全。

任何加工都難不倒試作品工作室

工作室內配備大型的加工機器，可以隨時把設計師的點子化為實物。

素材和原料的庫存

木材區存放了各種形狀與種類的木材。工作室約有30名員工，每年負責製作2,000種左右的產品原型。

進行精密的金屬加工

由於配有水刀等精密的加工機械，在工作室中就可以裁切金屬，進行精細的加工作業。

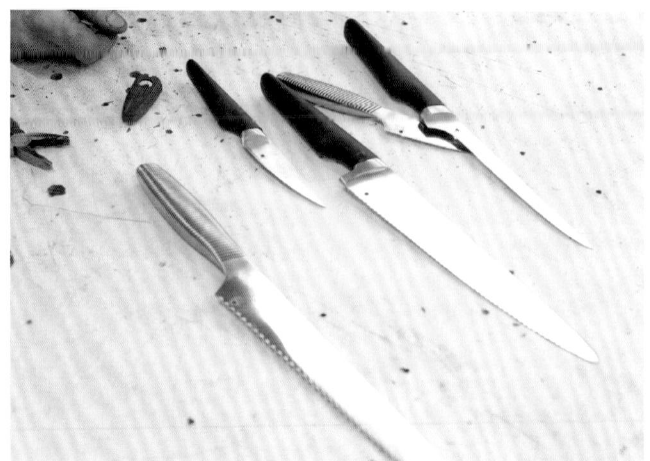

開發刀具時幫上大忙

「IKEA 365+」系列刀具的試作情況，工作室準備了好幾種不同尺寸和形狀的刀柄。

寬敞的作業空間

試作品工作室空間寬敞，加工機械排列得井然有序，工作人員可以全心全意投入工作。

試作專家大集合

工作室員工愉快地推著推車，他們都是將設計師的要求具體化的專家。

迅速呈現陶瓷的質感

這也是試作品工作室的作品。在木製盤子上塗上仿陶瓷的塗料，就能迅速呈現陶瓷般的質感。

反覆進行測試與改善的實驗室

考慮到使用狀況的品質測試

圖為開發中的商品接受測試的情況。機器以縱向120公斤和橫向40公斤的重量加壓在椅子上，測試耐用程度。

機械測試座面是否耐用

以機械在座面上施加壓力，以確保耐用程度。實驗室每天都在模擬產品實際使用的狀況，來檢測品質。

耐重測試

圖為「BILLY」書櫃進行耐用測試的情況，BILLY系列在2015年曾針對木板用久後彎曲等問題進行改款，提升耐用程度。

不讓消費者嫌棄產品容易壞

為了確保測試時的條件穩定，樣品擺放於氣溫20度、濕度65%的房間中測試7天，以電腦記錄測試結果。

哪裡容易壞？

想像產品實際使用的樣子，進行使用測試。圖為反覆開關收納家具門板的測試情況，門板上掛有重物。

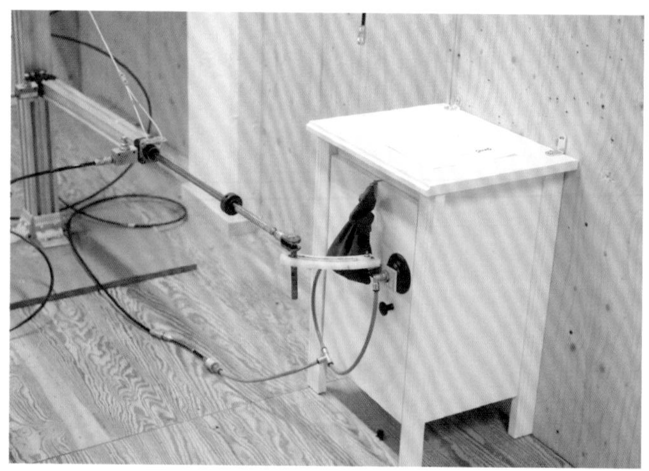

反覆開關50萬次

檢測收納家具的門板時，因為會反覆開關50萬次，所以需要借助機器人的一臂之力。

放滿燈泡的房間

測試LED燈泡壽命的房間，可以同時測試6百顆電燈泡，實驗室裡的各個房間隨時都在進行著不同的測試。

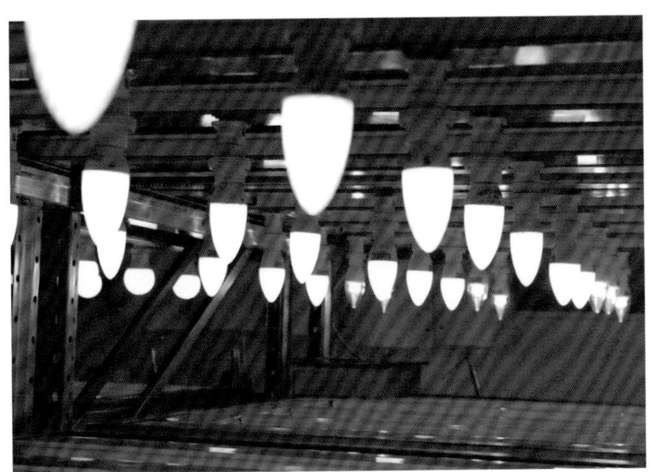

持續點亮2萬5千個小時的測試

以大量的LED燈泡，檢測燈泡壽命。持續點亮2小時15分鐘後，關燈15分鐘再重複，一直持續到燈泡壞了為止。

從小儲藏室出發

1943年由當時年僅17歲的英格瓦·坎普拉（Ingvar Kamprad）創辦的IKEA。當年的辦公室，只是農場角落的小儲藏室。

販售鋼筆和包包

剛開始挨家挨戶推銷，販售從法國進口的鋼筆、公事包和手錶等。

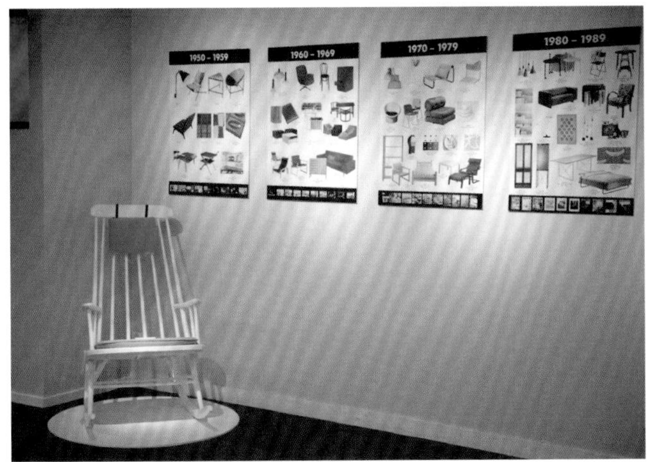

1948年開始販賣家具

IKEA從1948年開始販售創辦人住家附近的家具製造商所生產的家具。

月亮上也有IKEA？

博物館裡掛著一幅曾經擔任太空人的俄籍供應商所贈送的畫，畫中描繪IKEA在月球上開了分店的景象。

與時俱進的IKEA家具

1950年代後期的家具

圖左的沙發是「FARSTRUP」（1959年）、桌子是「BRÄNNÖ」（1959年）、吊燈是「BAST」（1958年），地毯也是IKEA當時的商品。

1960年代前期的家具

沙發前方的圓桌是「TYFON」（1960年）、大書櫃是「KUNGSHOLEM」（1965年）。北歐設計的IKEA家具，大量使用木材。

1970年代的兒童房

白色沙發是「SIRIKIT」（1974年）、紅色兒童椅是「ANNA」（1970年）。IKEA很早便推出兒童家具，圖中的壁紙和織品也都是IKEA的商品。

1980年代的家具

紅色沙發是中村昇設計的「KLIPPAN」（1980年）、桌子和層板是「LACK」系列（1981年）。從IKEA歷年的商品中，也能看出居家風格的流行史。

1990年代的家具

白色沙發和白色扶手椅是「TOMELILLA」（1993年）、茶几是「IKEA PS」（1998年），當時的商品系列已經跟現在的很接近了。

第一代「STOCKHOLM」系列

玻璃門的櫃子和皮製扶手椅等高級家具系列，是1987年首度推出的第一代「STOCKHOLM」商品。

ÖGLA的材質變遷

1961年推出的椅子「ÖGLA」，原先是木頭材質，後來改為可自行組裝的平整式包裝，材質也變成塑膠。現已停產。

型錄也隨著時間演化

博物館裡保存了歷代的型錄。對於引領居家風格歷史的IKEA而言，是珍貴的資料。

第3章

新品的作法

一年推出約兩千種新品，
每樣商品都蘊含著大眾化設計的哲學。

new
APR 15

新經典商品「IKEA 365+」的作法

何謂好設計？

能自然融入使用者的日常生活，同時持久耐用，這正是「IKEA 365+」系列的目標。系列商品包含各種尺寸的盤子、玻璃杯、鍋子和刀具等烹調工具。2015年4月重新推出的餐具系列，乍看之下好像沒什麼特別之處，事實上可是花了長達三年的光陰才改良而成。

即使在日本，也很少為了開發日常生活用品，花費這麼漫長的時間。負責開發IKEA 365+餐具系列的IKEA of Sweden事業主管（Business Leader）喬瑟芬・薛瓦（Josefin Sjövall）女士和產品開發人員（Product Developer）卡琳・恩奎斯特（Karin Engquist）女士告訴我們：「在IKEA，花上兩、三年的時間開發商品，並不稀奇。」

為什麼IKEA會花這麼多時間開發商品呢？就讓我們從開發的過程開始探尋。

每年訪問一千個家庭

IKEA開發商品時，會先從家庭調查開始。開發部門的員工每年訪問1,000個左右的家庭，從調查結果分析消費者生活上有什麼煩惱、希望追求什麼樣的生活。

除此之外，IKEA 365+系列的開發人員又更進一步的進行了名為「靈感之旅」的視察——透過旅行，廣泛接觸單憑家庭訪問無法了解的異國文化，仔細觀察人們的生活，把旅行得到的收穫活用於商品開發，做出更多人需要的設計。

從這個調查中得出的結果之一就是「有限的空間」，尤其是在IKEA今後傾力投注的亞洲市場，因此便將此系列的開發重點集中於，如何讓消費者在都會區狹窄的住宅舒適度日。

一年365天都能用的樸素餐具

2015年4月重新推出的「IKEA 365+」餐具系列，收納時可以疊放，在都會區空間很有限的廚房中也不占位置。

現代的年輕人並不追求寬敞，居住的空間通常比較小巧，在這樣的趨勢中，如何有效運用空間就成了無可避免的問題。IKEA為了解決這個問題，開始採用新的商品開發與改良方法，從家具到生活用品，力求滿足人們在有限空間中的生活。

例如餐具要如何因應生活空間的變化呢？這個問題的答案、同時也是這一系列設計的要素就是「具備超多功能」、「疊放收納時美觀」和「不占空間」。

開發人員走訪世界各地，近身觀察各國的飲食生活，發現年輕人的用餐習慣已經大幅改變，上餐桌吃飯的觀念已經逐漸淡薄。

「比方說，在美國，盤腿坐在沙發上享用裝在大碗裡的義大利麵，已經是稀鬆平常的事了。」

天氣好的日子在陽台或院子吃午餐，早上在床邊享用托盤上的水果或麥片……飲食習慣變得多元，因此餐具不但要能適用於不同的用餐場景，最好還能在烹飪時當成工具靈活使用。而IKEA為這種多元化飲食習慣提出的解方，就包含了各種尺寸的餐具。不但考量到經常吃麵或蓋飯的亞洲消費者，也顧及到習慣舉辦派對的國家，需要站著用餐，因此採用平底設計，能直接把杯子放在盤子上走來走去。可以根據使用者的生活型態改變使用方式，正是IKEA 365+新餐具系列的魅力。由於開發人員在家庭調查和靈感之旅仔細觀察人們生活，IKEA才能透過設計，提高產品的用途與方便性。

至於重視疊放時的美觀和收納性能，則是為了有效運用有限的廚房空間，因此IKEA 365+的餐具不但都可以疊放收納，疊放時外觀看起來還是很俐落，可以說是考量整體平衡的完美設計。

適用於現代各式各樣的用餐情境

IKEA發現消費者的飲食習慣已經大幅改變，因此開發各種飲食生活——不管是在沙發上或床邊用餐都適用的餐具，還能當作烹飪工具靈活使用。

設計包含使用

餐具的尺寸，則是考慮使用時的方便和疊放時的美觀而推算出的結果。除了追求眼睛看得見的造型之美，也很注重整體的細節，例如全系列餐具的圈足高度都是一致的。

IKEA的商品開發和設計，可不止於外形，更重要的是設定能讓更多人負擔得起的價格，而價格的關鍵就在於工廠與物流。以IKEA 365+的餐具為例，分別在全球三個不同的工廠製造。為了讓三個工廠可以使用相同素材、製造出相同的形狀、維持相同的品質，完成大量生產的任務，必須設計出易於製造的外形；而為了控制成本，每個棧板必須要能容納更多商品，為了維持一定的強度，也必須仔細考量厚度。

人人都負擔得起的價格，才是IKEA的好商品、好設計。為了做出好設計，開發人員必須不斷下工夫，反覆修正，才能找出最佳平衡。大眾化設計，就連製造一個餐具，也能反映出社會環境的變遷，並且解決人們生活上的問題。

左／IKEA of Sweden產品開發人員（Product Developer）卡琳・恩奎斯特（Karin Engquist）在。右／事業主管（Business Leader）喬瑟芬・薛瑞（Josefin Thorell），兩人開發了IKEA 365+的新餐具。

適用於各種場合的餐具系列

品項豐富，用途廣泛

IKEA 365+系列共有12款尺寸不同的碗盤，可以疊放收納。設計時也考慮到疊放時的造型之美。

可以單手拿著，坐在沙發上吃

在美國，有越來越多人習慣在餐桌以外的地方用餐，例如在沙發上吃義大利麵時，有深度的大碗就很適合。可以單手拿著，吃起來非常方便。

麵或湯上面可以疊放配菜

湯碗最適合用來盛麵或湯。在湯碗上面疊放一個淺盤，就可以同時端起配菜和筷子。

派對時站著吃，也很方便

平底的上菜盤，非常適合派對時使用，玻璃杯可以放在盤子上，單手拿著，輕鬆與他人交流。

方便使用的烹調工具

IKEA 365+ 系列的烹調工具，特徵是堅固又好用。鍋底的三層結構——上下是不鏽鋼、中間為鋁質，不易凹陷或變形。

目標是可以長期使用

鍋蓋採用耐用耐熱的玻璃材質，希望能比以前的商品用得更長久。透明鍋蓋看得到烹飪的過程，因此大受好評。

玻璃杯也能疊放收納

堅固的耐熱玻璃杯可以疊放收納。IKEA 365+系列的所有商品，全都符合商業旅館和餐廳使用的基準。

以精選素材打造的銳利刀具

刀具採用的是介於不鏽鋼與鋼之間的材質，比不鏽鋼堅固，維護起來又比鋼輕鬆，長久使用依然銳利好切。

設計師系列的開發現場

建築師・蘆澤啟治心目中的PS系列

IKEA的產品不只實用，更洋溢著玩心和幽默感，讓人看了就笑逐顏開的明亮色彩，設計充滿巧思，大大提升了IKEA的品牌魅力。負責讓IKEA變得更加多彩多姿的，就是「IKEA PS系列」的商品，由年輕的人氣設計師和IKEA的專屬設計師合作打造。以下就來聽聽參與開發PS系列的建築師蘆澤啟治，談談IKEA商品的開發過程。

IKEA是在2010年，找我設計IKEA PS系列。我想，可能是因為在2008年的米蘭家具展看過我的作品吧！雖然我還是不明白為什麼選上我。

由於設計的主軸鎖定在世界各國都會區的年輕人，所以我感覺應該是有刻意選擇活躍於各大都市的設計師。剛開始一共有15組人，經過兩次篩選，最後剩下7組委外的設計師。

IKEA PS系列不是設計師之間的競賽

一開始的說明會，要求我們提出五個點子，我原本思考的就是掛牆式或能有效活用轉角空間的家具，當時提出的點子已經很接近最後商品化的設計。做這系列產品的設計時，從組裝方法到拆卸後的形態，都要很仔細的考慮進去哦，用電子郵件寄了好幾次手繪的設計圖和照片給PS系列的總監，並且向他介紹了日本放在角落和掛牆式家具的傳統背景、文化意涵和東京的住宅情況。

第二次就到IKEA的工作室製作產品原型，當場與專家們討論生產的方式，並且重新繪製設計圖，由於IKEA內部的設計師與此案的其他設計師也能一起加入討論，氣氛很像研討會。

參與這個案子之後，一切都由IKEA決定，所以不會演變成設

蘆澤啟治設計的PS系列商品
左／「IKEA PS 2014」掛牆式層架。右／「IKEA PS 2014」轉角櫃，除了粉紅色，還有白色和灰色可供選擇。

計師之間的競爭。如果點子夠好，就全部採用；開發順利的話，就全部都商品化。像我提出的五個點子中，有兩個後來實際商品化了。IKEA並沒有規定一個設計師只能商品化兩個點子，PS系列並沒有限制商品的數量。只要點子夠好，五十種、一百種也能做，我認為這種氣勢和其他家具製造商完全不同。

如果是一般廠商，會從所有設計師的眾多點子當中，挑出大約五種，製作原型、參加家具展，以試探市場的反應，反應不錯才可能商品化，反應要是不好就沒下文了。

徹底檢討

但是這不是IKEA的作法。商品推出市場之前，IKEA會徹底檢討，推出之後便會持續生產一年半左右。開發階段會經過多次調整，身為設計師，雖然能感受到IKEA的尊重，卻也有很多地方不能插手。例如自己的作品要在哪一個工廠生產、數量多少、如何包裝等等。PS系列好像還有專屬的顏色，所以當我發現自己設計的轉角櫃推出並非我提案的粉紅色時，著實嚇了一大跳。

從開發期間到現在商品已經上市，IKEA每年都會寄來新合約。IKEA的設計費不是一般的授權、抽成，而是換算成時薪。所以就算提出的點子沒有變成商品銷售，設計師也能收到設計費用，這一點讓人覺得真不愧是IKEA。

誠實的品牌

IKEA當初提出的需求是「為住在都市的年輕人設計」，我可以確定這句話絕非虛言。因為我們的確是針對年輕人而設計，也以

2014年的PS系列

IKEA PS系列的第八代作品「IKEA PS 2014」一共有20位設計師參與。系列名稱「PS」是信末「附註」的意思。

他們實際負擔得起的價格銷售這一系列的商品。

這次PS系列的主題是「On The Move」，來自IKEA對全球趨勢的觀察，預測到年輕人生活精巧化的傾向會越來越明顯。而我認為在這不斷改變的時代潮流之下，IKEA也一直在摸索家具製造商可以做什麼。

IKEA的目標並非追求流行，而是透過設計家具來解決現實社會中的問題，這種大眾化設計的理念說服了我。我可以真切的感受到，我所設計的層架和轉角櫃，因為是以IKEA的品牌推出，才能真的對消費者有所幫助。

我聽說PS系列每兩年會重新檢討一次商品線，或許我可以在商品決定繼續製造的時間點，聽到消費者最真實的回饋。

建築師蘆澤啟治設計了「IKEA PS 2014」的掛牆式層架和轉角櫃。

處處可見設計巧思的PS系列

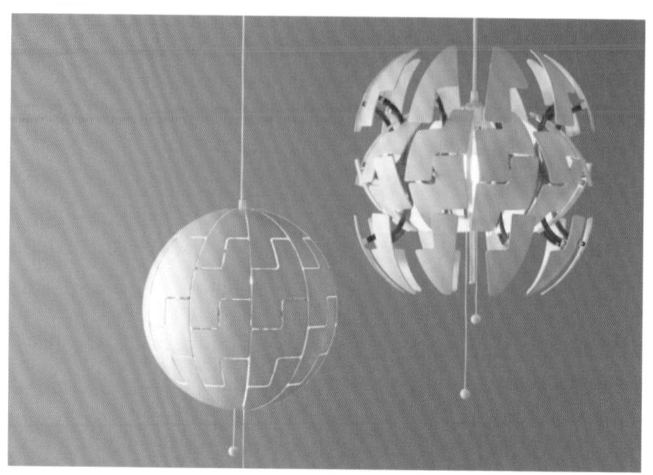

榮獲德國紅點設計大獎

燈罩形狀會隨開闔的動作而改變的「IKEA PS 2014」吊燈，榮獲德國紅點設計獎的特別獎「Honourable Mention」。

是平衡木，也是長椅

紅白雙色的獨特造型是為兒童打造的單品，既是活動身體的平衡木，也是長椅。是IKEA的專屬設計師亨利克・普洛茲（Henrik Preutz）的作品。

系列商品色彩繽紛

2012年推出的「IKEA PS 2012」系列商品品項豐富，包含桌子、沙發和雜貨等等。

造型獨特的櫃子

「IKEA PS 2012」的櫃子，以耐用的實心木材製作獨特的造型。

挑戰各種素材的「SINNERLIG系列」

嘗試使用永續發展的素材

IKEA除了「IKEA PS系列」之外，也不斷強化旗下各系列的商品線。以2015年2月在斯德哥爾摩發表的「SINNERLIG系列」為例，起用了在倫敦成立設計事務所「STUDIOILSE」的創意總監伊爾絲・克勞福德（Ilse Crawford）。

最具代表性的就是廣泛運用於此系列瓶蓋、桌面和椅子座面的軟木塞材質，軟木塞是一種可再生回收，而且耐久、隔熱、防水性能都極為優異，重量輕又可營造溫暖氛圍的天然素材，甚至還能用來製造太空梭、織品與汽車。由於維護簡單，也很適合用來製作家具，因此試著融入設計中，誕生了這個全新系列。

IKEA會在開發商品的過程中，採用天然的、可回收的或是再生的素材。因為「永續發展」也是大眾化設計的要素之一。

IKEA的永續發展策略是「益於人類，益於地球」（People & planet positive），目標在2020年之前利用太陽能與風力等再生能源，達成電力完全自給自足。為此，IKEA在世界各地的建築物一共架設了70萬片以上的太陽能板；截至2014年，IKEA消耗的能源中，再生能源便占了42%。而採用天然素材製造的全新系列，也反映出企業重視環保的態度。

用軟木塞打造家具和雜貨

「SINNERLIG系列」品項超過30種，除了軟木塞之外，也使用了陶瓷和玻璃等質樸的素材。

活用天然素材，營造溫暖氛圍

柔和的照明

「SINNERLIG系列」有兩種尺寸的桌燈，以軟木塞搭配霧面玻璃，能散發柔和的光線。

竹子燈罩

手工編製的竹子燈罩，以天然竹材編織而成的格子狀，能讓光線變得柔和。吊燈線組必須另外購買。

軟木塞材質的傢俱

桌子、長椅和凳子，都是以可再生回收且耐用的軟木塞製作而成。顏色有原色和深褐色兩種。

玻璃與軟木塞的組合

玻璃瓶搭配軟木塞材質的蓋子。「SINNERLIG系列」除了玻璃瓶，還有沙發床、盤子和抱枕等。

ÖNSKEDRÖM

向全世界宣揚瑞典文化

IKEA的創辦人英格瓦・坎普拉認為，宣揚企業發源地——瑞典的文化，是IKEA的重要使命，而這項理念也反映在IKEA推出的商品上。

2015年4月問世的生活雜貨系列「THE ÖNSKEDRÖM COLLECTION WITH OLLE EKSELL」，品項包含臥室裡會用到的寢具與織品、餐桌上會用到的杯墊和餐具等，甚至還有掛鐘，都印有瑞典知名視覺設計師歐列・艾克賽（Olle Eksell, 1918-2007）為繪本《愛德華與馬》（Edward and the horse）所繪製的插畫，以及其著名的鳥類圖案。

此外，IKEA在世界各地的門市，都設有餐廳和瑞典食品超市，供應肉丸等瑞典食物與食材，這也是宣揚瑞典文化的其中一環。而日本的IKEA門市，則會在情人節舉辦瑞典傳統甜點Semla（譯注：瑞典人在復活節前夕吃的應景甜點，有人稱為瑞典泡芙或瑞典小圓麵包）吃到飽的活動等，證明IKEA在全世界傳遞的不只是商品，也包含了瑞典的文化。

IKEA的門市設計，也為了讓世界各地的消費者都能感受到瑞典的氛圍，而刻意裝潢成一致的風格。

與瑞典的人氣插畫作品合作

「ÖNSKEDRÖM」是IKEA與瑞典知名視覺設計師歐列・艾克賽跨界合作的系列，商品上印著非常有吸引力的插畫。

以瑞典文化增添雜貨的魅力

色彩繽紛的收納工具

收納盒上印有歐列・艾克賽的插畫，「ÖNSKEDRÖM」系列的品項也相當多元。

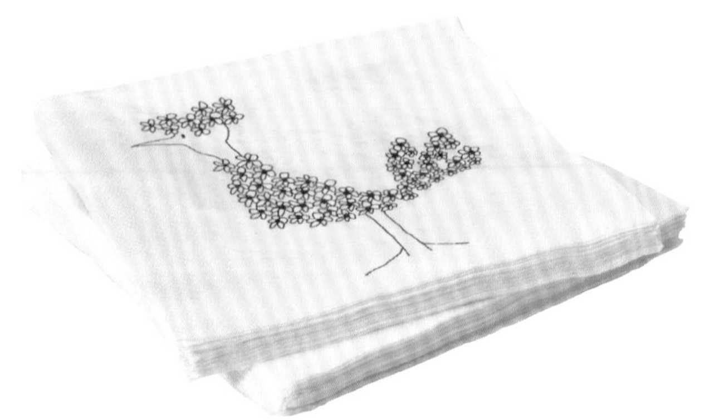

可愛的紙巾

紙巾上大大印著擬人化的鳥類圖案，讓瑞典代表性的視覺設計也能融入消費者的飲食生活當中。一包裡有三十張。

抱枕上也有歐列·艾克賽的作品

抱枕採用黑白插畫，營造沉穩的氣氛，各式各樣的鳥類姿態，給人時尚又熱鬧的印象。

時針跟分針上也印有插畫

時鐘盤面上印有歐列·艾克賽的插畫，雖然只用了黑白兩色，不過連時針和分針上也印有鉛筆的圖樣，只要一顆三號乾電池就能運作。

新的生活型態「無線充電系列」

如何在生活中活用新的科技？

在這個智慧型手機普及的時代，充電也是人們關心的生活大事之一。2015年4月推出的「無線充電系列」，只要在手機加裝專用的背蓋，就能直接放在無線充電板上充電。生活不再受到電線的束縛，可以更輕鬆地充電。「無線充電系列」可說是最能滿足現代社會需求的新商品。

在IKEA of Sweden負責開發無線充電系列的艾達・奧迪登・馬格內斯坦（Ida Aldén-Magnestrand）女士表示：「一回到家或是辦公室，大家做的第一件事通常是找插座為智慧型手機充電。」

透過家庭調查，詢問人們的使用狀況，IKEA發現智慧型手機不能只依賴手機配件充電，現在的消費者需要的是融入家具中，與生活緊密結合的充電方式。

在需要的地方安裝無線充電器

無線充電系列中最受注目的就是無線充電器「JYSSEN」，雖然安裝時必須在家具上鑽孔，但好處是可以安裝在各種家具上。只要安裝了「JYSSEN」，無論是客廳、臥室還是廚房，消費者都能視需求打造方便的無線充電站。

此外，還有安裝在燈具裡的「VARV無線充電器」，這種設計也十分合理，因為無線充電器雖然能讓智慧型手機無須充電線就能充電，但是充電器本身卻需要電源。VARV無線充電器可和燈具共享電源，所以只需要一個插頭。

花費兩年的時間才開發出來，馬格內斯坦表示：「無線充電器簡單好用，是機能卓越的商品。」

消費者可自行安裝在家具上的無線充電器

可在既有家具上鑽孔安裝的無線充電器「JYSSEN」，讓生活不再受到電線的束縛。

兩種無線充電器都在生活中運用了新的技術，是非常優異的商品。雖然日本從2011年起，就有手機開始配備無線充電功能，但至今仍舊未能普及。技術要用了才有價值，IKEA的無線充電系列結合了技術與家具，將無線充電的技術自然融入日常生活中。

一條電源線同時供應燈具與無線充電器

「VARV」無線充電器，既是燈具，也是充電器。

回家後的第一件事情就是找充電的插座

左／無線充電系列的商品。右／負責開發無線充電系列商品的艾達・奧迪登・馬格內斯坦。

IKEA + SOCIAL ENTREPRENEURS

用商業力量幫助貧困階級

「IKEA + SOCIAL ENTREPRENEURS」和世界上的社會企業家一起投入公益活動，用IKEA的商業力量支援有需要的人或地區。例如合作生產商品，讓貧困地區的居民能持續獲得穩定收入，或是推出限定商品系列，提升生產者的技術，幫助他們在社會上自立。

右頁左圖是位於瑞典馬爾摩（Malmö）的IKEA門市，和社會企業Yalla Trappan合作，活用織品的零碎布料開發出來的系列商品，提供外籍女性工作的機會。美國的休士頓門市和丹麥的泰斯特魯普（TAASTRUP）門市，也各和當地的社會企業家，締結類似的合作關係。

右圖則是IKEA和印尼支持公平貿易的企業APIKRI合作的系列，由爪哇島的工匠手工製作的包包，將印尼文化與IKEA設計融合在一起。

這類商品的利潤，又會全數挹注於社企之用。IKEA今後仍會積極與全球各地的社會企業家合作。

利潤用來投資社會企業家

左／使用IKEA織品碎布製作而成的商品，可以提供外籍女性工作機會。右／IKEA與爪哇島的工匠合作，販售他們手工製作的包包等。

第
4
章

IKEA如何與消費者溝通

SY
Älska Textil
KLIV UT
FÖR MIG!
King Elk
Igelkotten klarar sig själv

開幕派對和
在餐廳舉辦的所有活動，
全都是與消費者溝通的一環

IKEA型錄

300頁背後的故事

距離IKEA of Sweden走路幾分鐘，有家「IKEA Communication AB」，那是IKEA負責所有對外溝通製作物的單位，擁有大約30個攝影棚，一手包辦IKEA每年發行超過兩億本的型錄。

我們踏入平常外人難以一窺究竟的攝影棚時，預計於2015年秋天發行的2016年型錄，正進入製作的緊要關頭。

與虛構的模特兒對話

有位女性室內設計師正在佈置一間放著嬰兒床的臥室，牆上貼著顏色介於灰色與紫色之間的壁紙，房間內陳設的家具也都是同一色系，嬰兒床上的白色棉被因此顯得更加醒目。衣架上掛了好幾件嬰兒服，前方的書架上排列著好幾本育兒書⋯。

室內設計師表示，「這個情境的設定是一對同志伴侶的臥室，領養的孩子明天就要來了，在這之前，他們已經迫不及待買好了各式育兒用品，從衣服到書籍，一應俱全。」住在這裡的是什麼樣的人？他們有什麼樣的興趣？從家具和雜貨等細節的搭配，就能看出活靈活現的人物性格。設計師說她會一邊與虛構的人物對話，一邊佈置，在場景中表現出居住者迎接新生命來的興奮之情。

每一年的IKEA型錄都厚達300頁以上，為了拍攝照片而精心打造的場景，超過100組。每一張照片背後都有一個故事，除了前述領養小孩的同志伴侶之外，還有獨力撫養三個小孩的單親媽媽等等，什麼樣的空間才能讓辛苦的單親媽媽喘口氣好好放鬆呢？每一個場景都需要一星期以上的時間細心設置。

2016年型錄

IKEA 每年都會發行型錄，2016年版的封面是父親和孩子一起在廚房準備餐點，主題是「讓家更有味道」。

型錄封底

封底正中央是「IKEA 365+」系列馬克杯的特寫，呈現在床上用餐的情景。呼應這一年關注飲食行動的主題。

01 HEMNES/ヘムネス 書棚 ¥19,990 パイン無垢材、ステイン・クリアラッカー仕上げ。W90×D37、H197cm。802.456.35

02 CHARMTROLL/シャルムトロル 掛け布団/毛布 ¥1,999 綿100%。W85×L115cm。002.902.07

03 New CHARMTROLL/シャルムトロル ベッドキャノピー ¥1,999 ポリエステル100%。W80×L150cm。602.902.09

04 SUNDVIK/スンドヴィーク チェンジングテーブル/チェスト ¥19,990 パイン無垢材、ステイン・クリアラッカー仕上げ。W79×D51/87、H99/108cm。702.567.28

05 SUNDVIK/スンドヴィーク ベビーベッド ¥14,990 ビーチ無垢材、ステイン・クリアラッカー仕上げ。W66.7×L124.6、H84.8cm。マットレスサイズ：W60×L120cm（マットレスは別売りです）。602.485.69

照片背後隱藏的細節

文章中提到的同志伴侶住家場景，在型錄上呈現的樣子，刊登於介紹嬰兒床與嬰兒用品的頁面。

ベッドルーム 167
安心をお届けします。イケアストアなら、赤ちゃんをわが家に迎えるために必要なものがすべてそろいます。イケアのベビー用品は世界でもっとも厳しい安全基準に適合しているので、ママもパパも安心して休めます。
03 New CHARMTROLL/
シャルムトロル
ベッドキャノピー
¥1,999
04
05 SUNDVIK/スンドウィーク
ベビーベッド
¥14,990
ベビールームには、夜中の授乳時に大人もうとうとできる快適スペースをつくりましょう。

部屋の中にもうひとつの部屋を。

独立したベッドルームがなくたって大丈夫。部屋の片隅に眠りのためのプライベート空間をつくれば、あなただけのステキなベッドルームの完成です。

01 KVART/クヴァルト ウォール/クリップ式 スポットライト ¥799 電球は別売りです。スチール、塗装仕上げ。プラスチック。シェードØ8.5cm。701.524.48

02 FÖRHÖJA/フォルホイア ウォールキャビネット 各¥1,499 塗装仕上げ。W30×D20、H30cm。702.523.58

03 FÄRGLAV/フェリグラヴ 掛け布団カバー&枕カバー リヨセル50%/綿50%。**シングル ¥3,499** 掛け布団カバー W150×L200cm。枕カバー L50×W60cm。202.299.21 **ダブル ¥4,999** 掛け布団カバー W200×L200cm。枕カバー（2枚）L50×W60cm。102.299.07

04 BRIMNES/ブリムネス ベッドフレーム 収納付き（ダブル）¥34,990 価格には、LURÖY/ルーローイ ベッドベース（すのこ）が含まれます。フォイル仕上げ。W146×L206、H47cm。マットレスサイズ:W140×L200cm（マットレスは別売りです）。490.075.33

05 KALLAX/カラックス シェルフユニット ¥12,990 フォイル仕上げ。W147×D39、H147cm。402.758.70 KALLAX/カラックス インサート 扉とBRANÄS/ブラネース バスケットは別売りです。

06 IKEA PS 2014 ラグ 平織り ¥22,990 表面：ウール100%。縦糸：綿100%。W128×L180cm。502.647.29

07 POÄNG/ポエング 子供用アームチェア ¥3,999 綿カバー（取り外し可能）。W47×D60、H68cm。バーチ材突き板。Almåsナチュラル。101.579.48

單親媽媽的私人空間

在單親媽媽帶著三個小孩居住的情境中，這是媽媽用來喘口氣的個人空間。雖然文案中沒有刻意說明，不過每張照片背後都有自己的故事。

ベッドルーム 159
上の段をディスプレイスペースに
すれば、お部屋が広々とした印象
に。扉やボックスで目隠しすれば、
さらにプライベートな空間に。
05 KALLAX/カラックス
シェルフユニット
¥12,990
07
06

100%全新拍攝

照片故事的靈感來源，就是家庭調查。型錄的創意總監和撰稿者，從訪問時看到的實際情況中，思考消費者生活上會遇到什麼困擾，IKEA的商品又能提供什麼樣的解決方式，小至連居住其中的人是什麼樣的性格都設定好，據此打造出每一個情境，發想每一句文案。再依據這些設定和文案，借助IKEA專屬或外包的室內設計師之力，有時甚至會延請知名的室內設計大師操刀，打造這些攝影用的場景。

宛如窺看他人住家般的真實感，讓每個空間栩栩如生，陳列其中的商品才能顯得格外有魅力。消費者購買商品，不全然只是為了需要或方便，IKEA帶給消費者驚喜，透過虛構的素人模特兒，打造令人憧憬的生活方式，讓消費者知道「原來可以這樣生活」，激發他們模仿的渴望。

不只用心拍攝情境照，商品本身的照片也從不隨便。即使是長銷商品，IKEA也會每年重新拍攝商品圖，而非沿用舊照片，因為每一年的型錄主題都不一樣，即使只是背景或光線的些許不同，都有可能破壞設定，影響整體感。

對從郵購起家的IKEA來説，型錄是用來和顧客溝通的重要接點，有著很特別的意義。顧客不需要來到門市，也能透過型錄了解IKEA的世界。型錄，絕對不只是展示商品的媒介。

正在拍攝型錄的兩人組

拍攝工作由室內設計師和攝影師共同負責，圖為單親媽媽住家的拍攝實況。

寬敞的攝影棚

多達300頁的型錄中，為了拍攝照片而特別打造的場景就超過100組。攝影棚到處都是拍攝用的器材。

IKEA Communications AB的資訊經理（Information Manager）凱莎·奧芬森（Kajsa Orvarson）。

放滿攝影道具的寬敞攝影棚

可供搭配的道具，選擇非常豐富

攝影棚裡準備了許多拍攝用的道具，光是擺飾就有動物玩偶、亞洲風雜貨和花瓶等等。

光是門板，就有這麼多選擇

為了呈現真實的生活，就連門板的種類都應有盡有。圖為保管各式門板的空間。

攝影棚的幕後大公開

耗時一週精心打造場景再拍攝照片，可惜的是佈置場景的過程不能拍照，不過可以讓大家看看場景的背面長這樣。

修片也是在攝影棚進行

拍攝完畢之後，合成和編修照片的工作間，這幾年在廚房照中使用電腦繪圖的機會變多了。

從帽子到服飾

拍攝用的帽子、服飾、雜貨、調味料和食品，存放在不同房間。攝影棚裡的道具應有盡有，不管是什麼樣的生活場景都佈置得出來。

道具間的門板

門板上也下了工夫，好讓工作人員知道每一個房間各放了什麼道具，例如收納帽子的房間門上便畫了高禮帽。

什麼都有，什麼都不奇怪

復古嬰兒車也是攝影道具之一，寬敞的攝影棚中應有盡有，需要什麼一定都找得到。

IKEA型錄創刊號

1947年創立的IKEA，在4年後的1951年推出第一本型錄。照片中是珍貴的創刊號，只有封面是彩色的，內頁是黑白印刷。

以日本船橋店為例

IKEA如何打造在地化的展示間

從本書的介紹中，我們可以看到IKEA不論是開發商品，還是製作型錄，基本上都是在瑞典的阿姆胡特進行，再把成果擴散至世界各地。但是，站在第一線接觸消費者的展示間，則會依照各國民情在地化，日本各門市的展示間就是很有代表性的例子。

展示間依照用途，分成廚房、客廳和臥室等主題，全部都以IKEA的商品來佈置。每間門市都有超過50個展示間，讓顧客自由進出、試用商品。展示間可以說是IKEA門市的主幹，以下就來看看這些展示間是怎麼設計出來的。

首先，瑞典總公司每年會提供數次，每次約25種左右的佈置範本，內容包含重點商品的使用情境和搭配建議等。以總公司的範本為基礎，日本各門市的室內設計師（每一家門市大約有四名室內設計師），再依日本的生活形態與居住文化重新構思。日本IKEA設計部門經理（Country ComIn Manager）竹川倫惠子表示：「有時候我們會直接沿用總公司的設計，不過因為瑞典和日本的建築物結構和大小都不一樣，所以多半會加入兩成左右我們自己的創意。」想要做出符合日本生活型態的展示間，還是需要進行在地的家庭調查。

藉由家庭調查，觀察在地生活

每間門市組織數個各有4到5名成員的小組，每年訪問約20到30個家庭。小組成員以室內設計師為中心，銷售、物流和顧客關係等部門也會參加。訪問的家庭多半是由各家門市各自尋找，例如從「IKEA FAMILY」會員當中招募，或是在門市電梯中張貼徵求的告示等等。

家庭調查的結果由所有門市共享，活用調查結果，設定家庭成

兩坪多的和室展示間

IKEA船橋店聽見消費者「想把和室當作西式房間用」的心聲，準備了和室西用的展示間。

把壁櫥改造成工作間

IKEA活用日本特有的壁櫥，用IKEA的收納產品將之整理得井然有序，還可以改造成縫紉用的工作台，處處充滿創新巧思。

日西合併的佈置提案

榻榻米鋪上地毯，放上沙發和矮桌，就能把和室改造成西式房間。搭配不一樣風格的家具，日式氛圍馬上變得現代又時髦。

兒童房展示間也很貼近在地文化

兩張兒童用的書桌並排，運用IKEA商品佈置而成的兒童房提案。這個逼真的展示間也把日本特有的壁櫥運用得淋漓盡致。

員、年齡、收入和興趣等條件，以及展示間的結構與故事。竹川表示，最重要的就是解決使用者生活上的不便，思考適合的提案，加入能讓生活變得更加舒適的點子。

逼真的展示間

IKEA在打造展示間時，和拍攝型錄一樣，都很注重真實感。以和室為例，如前頁照片所示，不但真實重現了一般和室都會有的樑、柱與上門框，還考慮到這些日式住宅硬體上的限制，提出配置家具的點子。竹川表示：「這也是拉近我們跟消費者距離的工夫之一。」

展示間的大小也是參考日本一般的住宅，客餐廳設定為5到6坪，房間設定為3到4坪。所有展示間的佈置，都考量過動線和家具使用的方式，處處留意細節，例如經常會用到的東西，要收納在坐著時伸手就拿得到的範圍內，比較方便；客廳如果選用了沙發床，茶几就應該挑選輕巧一點的款式，以便移動。

又如，有嬰兒的家庭，若想在臥室中搭配一把哺乳用的單人沙發，就該選用有扶手的款式才方便等等。展示間的家具配置中，處處反映了從調查與經驗中汲取到的收穫。竹川表示：「走進展示間，坐在沙發上，看看桌子底下，打開衣櫃，就能實際感受到我們對於使用便利度和收納的用心。」

IKEA也會評估展示間的效果，除了追蹤陳列商品的銷售狀況之外，竹川表示：「我們也會觀察每一間展示間有多少使用者停下腳步和停留多久。」

多用途客廳的佈置提案

常有客人來訪的家庭，建議選擇可當雙人床使用的沙發。沙發周邊搭配的家具，如桌子等，則選用輕巧、方便移動的款式。

用心考量所有細節

根據所在地區的特性，每一家門市的特色也不一樣。例如東京的立川店，位於電車的中央線上，沿線有許多大學和專科學校，因此鎖定學生和獨居的年輕世代；位於橫濱的港北店，因為附近持續開發新的住宅區，主要客群是年輕人組成的家庭，所以有不少專為中產階級打造的展示間，並設有直通高級住宅區田園調布的接駁車。

所有展示間的佈置，都會設想目標客層的收入和房租等，甚至連「能負擔得起多少錢的家具」也列入考量。反過來說，計算IKEA展示間的商品價格，就能大致推算出門市所在地的家庭，能為室內裝潢花費多少金額。

透過展示間和IKEA提供的空間佈置靈感，讓消費者想像商品的使用情境，因此只要人們進入店裡，自然會想買點什麼。IKEA毫不保留，提供消費者佈置的好點子，帶給消費者新的發現，因此消費者無論造訪IKEA門市多少次都不會膩。任何人都負擔得起的價格和在地化的溝通方式，讓北歐設計的生活型態順利打入日本市場。

方便哺乳的紅色沙發

有嬰兒的家庭，為了方便媽媽哺乳，可在臥室中選用有扶手的單人沙發。如果怕深夜哺乳時開大燈打擾到熟睡的先生，還可搭配落地燈和屏風。

一個人住的時尚空間

這個展示間設定的住戶是年輕的單身男性，採用如同商店陳列般時髦的開放式收納。

跟飯店一樣舒適的臥室

很多消費者都想把臥室佈置得像飯店一樣可以好好放鬆，在房間內配置電視的空間提案也因此變多了。

動線刻意設置轉角

雜貨賣場的通道，不做成直線，反而刻意增加許多轉角，好讓消費者有更多機會看見商品。

展示間的大小一目瞭然

確實標示出展示間的大小，消費者了解坪數再參觀，比較容易想像如何配置與運用空間。

重現住宅的實際尺寸，消除顧客的疑慮

IKEA每隔幾年會大幅改裝全店的展示間，以下就來看看已經開幕五年的日本船橋店，首度大改裝的過程（139～145頁的照片是2012年拍攝的）。2006年，IKEA剛進軍日本時，運用自家商品，重現原汁原味的北歐風格以吸引顧客，但是光靠這種作法，業績已經到了極限。

顧客下定決心購買前最在意的是，北歐的大家具能否放得進自己狹窄的日式住家裡，所以光是重現北歐風格的展示間，無法讓消費者想像「自己家裡也能用」，就算IKEA已經推出尺寸適合日式住宅的家具也一樣。

因此，IKEA的日本門市便出現了顧客來店率在世界各國中數一數二，但重點家具的銷售卻遠遠不如雜貨的特殊現象。為此，IKEA開始推出重現日式住宅隔間的展示對策。

首先以「樑柱多、天花板低、坪數小於21坪的三房一廳」為主，把日本住宅典型的狹窄隔間，區分為10種類型，把賣場打造成樣品屋。

每一間樣品屋中各有不同的房間，一共46組展示間，都以IKEA的家具精心佈置，用不一樣的方式讓日本的消費者重新見識北歐風格，具體展現「在日式住宅中，可以這樣運用IKEA的家具」，以消除顧客的疑慮。

商品陳列同時也是收納指南

為了徹底貼近人們實際的生活，IKEA打造樣品屋和展示間時，會設定住戶的細節，例如大約20坪的三房一廳裡，住的是一家四口，先生39歲，太太38歲，兩個小孩分別是14歲和8歲；先生的興趣是打高爾夫球，太太是做瑜珈，兩個小孩則喜歡打電動。

39歲的丈夫和38歲的妻子居住的空間

打造展示間時，甚至連「丈夫39歲，妻子38歲，興趣分別是高爾夫……」等細節都先想好，再據此選用適合的家具和雜貨。

IKEA還會設定好房子是租的還是買的、居住者從事什麼樣的職業、連收入的具體數字都有，想像著這一家人正在用餐的情境去佈置展示間。

此外，各家門市也會根據當地居民的家庭組成特性，決定各店展示間的類型和數量，例如船橋店附近多半是兩人家庭，所以店內適合獨居生活的展示間就比較少，適合兩人家庭和有小孩的家庭的展示間，則分別有23組和20組。

店內陳列重新改裝時，家庭調查也扮演了非常重要的角色，IKEA就從這個調查中掌握到，日本人的居住問題往往都跟收納有關。例如東西沒有地方放、想不到可以怎麼收納或是東西收不完…等，即使如此，每一個人都還是希望居住空間可以維持得美觀、整齊。造訪每一家門市的顧客詢問店員的問題，也幾乎都和收納有關。

因此，IKEA便利用新的陳列方法，提供顧客解決收納問題的點子。展示間中，有些家具上會貼有「打開來看看」和「+」符號，顧客只要打開來就會發現，裡面收納了體積大到出乎意料的物品，具體了解「只要這樣做，就可以在這麼窄小的空間中收納這麼大的東西」。瀏覽IKEA的展示間，便能找到解決日常困擾或壓力的方法和點子。

家庭調查結束之後，調查小組會對全體工作人員——包含兼職店員在內，發表調查結果，了解了消費者的煩惱之後，不管是什麼部門與職位，想到任何「活用IKEA的商品就能解決問題」的好點子，都能提出來。換句話說，IKEA每一個員工的點子都會反映在新的陳列方法上。

▼

提示收納問題的解決對策和點子

打開貼有「+」符號的櫃子門，可以看到裡面放了椅子和電腦桌，具體展現IKEA的書櫃可以收納這麼大的家具。

營造讓人「想這樣做」的氛圍

不過，即使IKEA這麼用心，來參觀展示間的消費者當中，有些人對家具和佈置興趣濃厚，也有些人並不了解家具對室內風格的影響有多大，因此IKEA準備了兩組只有燈具不一樣的展示間，讓消費者實際看到光是選用不同的燈具，就能營造出截然不同的室內氛圍。

此外，解決收納問題的展示方式，也不只呈現解決方法，而是絞盡腦汁提供消費者超乎期待的點子，利用IKEA的家具帶給消費者「想這麼做」的氣氛——也就是「夢想」。

IKEA進軍世界各國，原本都是使用相同的銷售手法，這次的大改造不只是日本門市獨一無二的創舉，更是IKEA嘗試性的新挑戰。

究竟要如何透過展示間正確傳達其他方式講不完的訊息，並且發掘潛在的市場，IKEA找到的答案之一，便是用心服務顧客，打造徹底貼近當地文化，並且能和顧客一起解決問題的展示間。

藉由比較，強調優點

準備兩間家具擺設完全相同，只有燈具不同的展示間，讓消費者實際看到使用間接照明的左邊房間，氣氛就比右邊房間好上很多。

23平方公尺（譯注：約7坪）的雙人小窩

各樣品屋外張貼介紹文案，以實際存在的IKEA消費者為模特兒，力求貼近真實生活。

門市體貼消費者所下的工夫

門口張貼可以退貨的通知

門市入口旁張貼了「想改變心意，沒問題！」的告示，以減輕消費者購買家具等大型商品時猶豫不決的心情。

改裝中的空間也毫不浪費

牆壁上寫著「期待新面貌，展示間進化中」，利用改裝中的陳列，也能展示商品。

一進門就是最便宜的商品

讓消費者一走進門市，就能看到店裡最便宜的商品。利用巨大的數字，強調低廉的價格。

體貼消費者的小細節

兒童遊樂區把緊急狀況發生時的逃生地圖，貼在最顯眼的地方，旁邊還不著痕跡的宣傳了聖誕節的商品。

立川店的開幕活動

舉辦派對，加深地緣關係

IKEA的宣傳戰略是透過活動與消費者對話，視門市所在地的地區特性，量身訂做獨一無二的開幕儀式，藉此與在地居民建立起深厚的關係。

例如2014年4月開幕的東京立川店，儀式的主題就是「派對」。活動的亮點是以IKEA的設計，把多摩都市單軌列車改造成「IKEA列車」，並且在立川車站到門市之間的步道上排滿展覽和攤位，舉辦「街頭派對」。考量到消費者如果都開車來，可能會引發塞車，造成當地居民的不便，因此在活動企劃中融入電車與車站的元素，希望消費者儘可能利用大眾交通工具前來。

融入當地的「新人作戰」

以IKEA的商標和原創織品裝飾單軌電車而成的IKEA列車，訴求是提高消費者對「IKEA來到立川」的期待。配合開幕，在車廂內舉辦的派對，只開放給IKEA的會員參加。在開幕後的一個月期間，這輛列車仍繼續行駛，希望能讓在地居民更加熟悉IKEA。

連結立川車站和IKEA立川店的街頭派對，不只將IKEA的展示間移到店外，也邀集在地的志願者參加體驗活動、提供讓兒童自由繪畫的空間，並設置了快閃店等等。快閃店除了提供以IKEA販賣的食材做成的料理之外，還免費贈送熱狗。街頭派對為期兩天，從3月29日到30日，一共有1萬名左右的來賓光臨。

活動的主題之所以會設定為「派對」，是透過事前調查，了解立川市居民的特性後所做的決定。

日本IKEA的公關專員（PR Specialist）克里斯蒂安森・愛（Kristiansen Ai）表示：「立川的居民多半熱愛家鄉，地緣關係緊密。」

和在地的人們一起乾杯！

立川店開幕時的電視廣告，以派對為影像主題，希望新的IKEA門市能和在地的居民打成一片。

為了在重視地緣關係的地區，獲得在地居民的認同，「我們認為透過派對敦親睦鄰，讓居民感受到IKEA的平易近人，十分重要。」

果不其然，立川地區「新來的」IKEA舉辦的喬遷派對，在社群媒體上引發相當熱烈的反應。尤其是IKEA列車，透過推特廣為人知，反應甚至超乎預期。獨特的宣傳方式讓許多消費者留下強烈的印象，也連帶提升了非在地人對IKEA的品牌認知。

買下土地，扎根經營

新門市的開幕活動告一個段落之後，接下來的課題就是如何和在地消費者變得更加親近。IKEA成立新門市時，都會考慮到至少要在當地經營30年以上，而購入門市所在的土地，因此定期舉辦活動，持續經營與在地居民的關係，是不可或缺的重要工作。例如在展示間舉辦睡眠體驗營、在餐廳舉辦限時活動等，都逐漸成為IKEA的新特色。

例如2015年情人節舉辦的499日圓瑞典點心吃到飽，迴響熱烈到必須發號碼牌，明明是下午三點才開始的活動，一大早就有人來排隊。光是想著要把商品賣出去，而忽略融入當地社會的話，企業不可能長期持續成長。

電車也被IKEA的織品所佔領

不只是車廂內的坐墊，連握環和車廂廣告也都用IKEA的原創織品包覆起來，藉此讓大眾知道，只要善用IKEA的織品，連電車也能改頭換面。

連結立川車站和門市的街頭派對

在立川站通往門市的路上舉辦街頭派對，主舞台安排了立川市的舞蹈團體、樂隊和管樂隊，表演各種節目。

展示巨大的椅子

2006年舉辦的IKEA港北店開幕活動「IKEA Room Box in橫濱紅磚倉庫」中，曾展示過高達6公尺的兒童椅「MAMMUT」。

兒童房展示間

IKEA港北店的開幕活動之一，把提供許多佈置創意的展示間移到店外，例如照片中的是兒童房的展示間。

餐廳展示間

接著是餐廳展示間，其他還有廚房、客廳和臥室等等。以橫濱的紅磚倉庫為舞台，宣傳即將開幕的新門市。

在出乎意料的地方，製造接觸消費者的機會

在京都的東寺舉辦展覽

IKEA嘗試在出乎意料的地方，創造與消費者溝通的機會，例如2011年在京都的東寺舉辦「1.5坪展」。

1.5坪的室內裝潢

「1.5坪展」是展示各種只有1.5坪的房間，以「小小改變，樂趣多多」為主題，提出許多室內佈置與生活的點子。

車站的階梯上也有給消費者的訊息

IKEA於2006年4月首次進軍日本，第一間門市船橋店開幕時，在離門市最近的車站（JR南船橋站）的樓梯上也刊登了廣告。

利用熟悉的景色來宣傳

在日本司空見慣的的曬棉被場景，也成了IKEA與消費者溝通的工具。在船橋店所在的浦安社區公寓陽台上，掛滿印著IKEA商標的棉被。

把枕頭變成廣告媒介，還能實際體驗觸感

IKEA的宣傳活動向來充滿創意，其中評價特別高的是2010年舉辦的「『睡吧，日本!!』為了更好的明天」，活動目的是提升睡眠品質，內容包括請睡眠專家為來店的顧客介紹合適的寢具、「睡一下吧」廣告車在街頭出沒、在門市舉辦「睡眠體驗營」等等。

其中一個企畫是從2010年1月27日到2月2日，在東京新宿車站廣場和大阪梅田車站大樓廣場，推出大規模的枕頭廣告。IKEA在真的枕頭上印上文字，把枕頭變成與人們溝通的工具。以九個為一組，在枕頭上用文字呈現一天的流程：「早上醒來，精神飽滿」、「搭上比平常早一班的電車」、「中午就吃燒肉」、「今天工作格外有效率」等等，最後則是日本IKEA的網址和商標，是個遊戲感十足的廣告。

這個宣傳活動的負責人表示：「日本到處都是廣告，很少有單一廣告能吸引人們注意，因此要用有趣的手法來抓住人們的目光。我們認為想要傳達『睡吧』的訊息，最能表現舒適感的就是枕頭了。」

展現蓬鬆的觸感

枕頭既是廣告訊息的宣傳媒介，也是樣品。目前IKEA門市銷售的枕頭，共有15款，用途與材質都不相同。這個廣告選用的是側睡用的枕頭，高度最高，尺寸也最大，遠遠的看也能感受到有多蓬鬆，引發路人想用用看的動機。活動負責人表示，有許多人特別走近、用手觸摸，甚至把頭靠在枕頭上。

這一系列的廣告共有「父親篇」、「母親篇」、「兒童篇」和「粉領族篇」四個版本。IKEA門市平常銷售家具的方式，就是設

廣告文案強調「睡眠」而非枕頭本身
枕頭上直接印上文案，變身廣告物。以白底黑字簡潔的傳達訊息，就是IKEA的視覺識別（Visual Identity）。

定好住戶，再打造符合條件的展示間。換句話說，想像各種消費者的生活型態，本來就是IKEA的拿手項目。

活動負責人表示：「我們用短短的一句文案，呈現如果睡得好，人們一天的生活會是怎樣的狀態，希望消費者聯想到自己的生活，能夠感覺親近，並且得到新發現，而不是覺得這個廣告跟自己一點關係都沒有。」

枕頭廣告上的文字，使用和門市商品介紹卡一樣的字體，這款日文字體是特別製作的，字形近似IKEA在全世界門市通用的原創英文字體。雖然廣告型態特殊，不過只要能維持一貫的視覺識別，就能在各式各樣的廣告中確保IKEA的特色。

活動期間，不但確實提高了消費者的來店數，也提高人們對睡眠品質的關心，這些都可說是枕頭廣告的貢獻。

從起床到上床

利用文案，表現從早上起床到晚上睡覺的一日流程，有好的睡眠品質，才能創造美好的一天。圖為兒童篇，另外還有父親篇等不同版本。

IKEA的「睡眠體驗營」

以睡眠為主題的「睡眠體驗營」，是兩天一夜的活動，讓消費者實際躺在店裡的床上睡覺，還可以享用特別的晚餐。

IKEA餐廳

門口的美食體驗，也是品牌宣傳的一環

在IKEA門市，餐廳也是與消費者溝通的場域之一。回顧門市剛開幕時的報導，可以發現IKEA的想法從未改變（161～167頁的照片是2008年拍攝的）。IKEA第一間日本門市船橋店開幕時，占地4萬平方公尺的門市中，餐廳便占了2,500平方公尺，一共設有700個座位，是當時全球門市中面積第二大的餐廳。

想仔細逛完一家IKEA門市，必須走上2公里，所以必須提供消費者休息的地方。為了讓消費者可以一邊休息，一邊討論購物計畫，世界上的每一家IKEA門市都設有餐廳。

基本上全世界的IKEA餐廳位置都一樣。來到IKEA門市的顧客先上二樓，瀏覽展示庫存家具的展示間，循著動線看完所有展示間之後，一定會走到餐廳。

全世界第一家IKEA門市於1957年成立時，並沒有餐廳。為了服務開門前就在門口排隊等候的顧客，只能免費分發咖啡與麵包，據說這就是IKEA餐廳的起源。創辦人英格瓦．坎普拉認為「賣東西給餓著肚子的人最難」，所以餐廳原本是為了提升顧客滿意程度而設置的，不過到了現在，餐廳的功能已不只是這樣。

銷售商品的另一個賣場

IKEA賦予餐廳的其中一個功能，是吸引顧客上門和促進銷售，除了提供「早餐套餐」、「午餐套餐」和當月料理之外，聖誕節等節日前夕，也會提供特別的瑞典料理，並且特別以派報廣告宣傳。IKEA不只賣家具，還有吸引人的招牌餐點，吸引顧客上門。

餐廳中使用的器具，雖然有部份是專為IKEA餐廳設計的，但是也有門市中實際銷售的椅子、桌子、沙發和織品。利用宣傳中的商品佈置餐廳，顧客用餐時就能實際體驗。

位於二樓的瑞典餐廳

IKEA船橋店開幕時，餐廳裡還設置了咖啡吧。餐廳不只提供肉丸等瑞典料理，同時也肩負招攬客人上門與促銷商品的功能。

餐廳中使用的餐具也是一樣，不只提供新商品讓顧客在用餐時體驗，也推出各種商品的促銷活動，例如買麵包就能以優惠價格購入麵包盤，或是情人節前夕供應香檳，製造機會讓顧客試用香檳杯等等。

桌上也放有宣傳用的立牌，刊登現在最想推薦給消費者的商品資訊，有時也會在餐點托盤紙上印廣告。儘管消費者原本可能只是想來用餐而已，IKEA也會利用餐廳，吸引消費者注意到現正熱賣的商品、進行中的促銷活動，或是激發他們下次再來的動機…。把餐廳當成自我宣傳的工具之一，將它的宣傳效果發揮到最大極限。

以全日本最便宜的定價來體驗品牌

餐廳還有另一個功能，要負責把顧客變成常客。IKEA的會員制度「IKEA FAMILY」，在全日本共有8百萬名會員（2013年度統計結果），可以說每15個日本人就有1個人是IKEA的會員。

能募集到這麼多會員，就是因為IKEA餐廳提供會員免費飲料和特惠的策略奏效。此外，IKEA還會針對會員，在餐廳舉辦瑞典料理教學、規劃各式各樣的活動，讓會員更常來店、感受IKEA的平易近人。

至今，依舊維持50日圓的霜淇淋

除了餐廳之外，IKEA也透過美食，設計了多種與消費者溝通的管道。門市的結帳台緊臨著販售食材的賣場「瑞典食品超市」，超市的另一頭則是提供點心內用的「美食小站」。

便宜又好吃的招牌熱狗
IKEA船橋店一樓的超市旁，是販售熱狗和霜淇淋等內用點心的「美食小站」。

為什麼霜淇淋只賣50日圓？
IKEA霜淇淋只賣50日圓，熱狗也只賣100日圓，便宜的定價是為了讓顧客感受到IKEA的商品有多划算。

超市中提供許多購買促銷商品就會加贈其他商品的組合，讓顧客覺得划算；美食小站則刻意提供50日圓的霜淇淋和100日圓的熱狗等「當地最便宜」的食物。買完東西走出門市之前，讓顧客再次體驗IKEA的價格是多麼實惠，顧客便能帶著「買得真划算」的強烈滿足感，欣然而歸。

2008年4月開幕的神戶港灣人工島店，擁有當時全球最大的餐廳，共750個座位。日本門市的餐廳都大於其他國家的門市，由此便能看出日本消費者對飲食的關心程度。

飲食是宣傳品牌精神時，最貼近消費者的手法之一。日本人特別注重飲食，IKEA當然不會放過利用餐飲宣傳品牌的機會。

餐廳全部使用IKEA的商品裝潢

IKEA餐廳除了專用的器具之外，燈具與桌布等等都是採用IKEA的商品，有些甚至還掛著價格標籤。

IKEA也販售瑞典食材

買完東西，結完帳之後可以發現，結帳台附近就是販賣瑞典食材與零食的瑞典食品超市。

餐廳，也是溝通的工具之一

可重複使用的提袋也是人氣商品

IKEA瑞典食品超市販售的保冷袋，分為只能用一次的袋子（上圖）和可以重複使用的袋子（下圖），下圖的保冷袋現在仍在銷售中。

徹底宣傳想要銷售的商品

餐廳桌上放置立牌，上面印有門市現在最想推薦給消費者的商品資訊。

透過餐點，與消費者進行溝通

餐廳中陳列著當季活動主打的商品，讓顧客在用餐的同時，也能實際體驗看看。

2015年大受注目的特別餐點

瑞典的傳統甜點

配合情人節推出的「甜點吃到飽」，是以自助餐的方式享用瑞典的傳統甜點Semla等等，只要499日圓（含稅）。

使用越橘果醬製作的沙拉醬

「瑞典風玻璃罐沙拉」是在IKEA販賣的儲物容器「KORKEN」中裝入煙燻鮭魚、蔬菜和義大利麵。M尺寸的沙拉價格是500日圓（含稅）

999日圓的鮭魚節

9月底舉辦了「鮭魚節」，以瑞典的代表性食材鮭魚為主題，準備了香草烤鮭魚等16種鮭魚料理和7種配菜，鮭魚吃到飽只要999日圓（含稅）。

與新商品一起推出的限定餐點

為了慶祝帶有東方色彩的限定系列「DOFTRIK」商品推出，而舉辦的東方風情自助餐（500日圓，含稅）。餐廳也會配合IKEA的新商品舉辦相關的活動。

瑞典名產小龍蝦

7月底到8月初提供的限定菜單「小龍蝦拼盤」（500日圓，含稅），餐點內容包含小龍蝦與淡菜等，靈感來自瑞典人夏天舉辦的小龍蝦派對。

第5章

今後的IKEA

2016年，IKEA進軍日本屆滿10周年。
版圖從實體門市擴張到網路，
領域也從居家用品跨足餐飲。

1951年設計的IKEA商標

專訪日本IKEA代表

IKEA今後的目標

IKEA至今仍持續進化，例如在熊本開設衛星店、進軍飲食界等等。本書訪問了日本IKEA的代表彼得・李斯特（Peter List），請他談談IKEA今後的走向。

—— 利用這個機會，請您談談IKEA商品的特色。

彼得・李斯特：IKEA的所有商品，都是根據大眾化設計的五大要素製造。大眾化設計，指的是能同時滿足「形式」、「功能」、「品質」、「永續發展」及「價格」的卓越設計，只要缺乏其中一項要素，便稱不上是IKEA的設計。在全球的家具市場中，IKEA在日本也大受歡迎。我們可以感受到日本的消費者對於IKEA設計的喜愛。

—— 聽說IKEA在世界各地都會進行家庭調查，可以請您說明何謂家庭調查嗎？

彼得・李斯特：IKEA到世界各國展店都會在當地進行家庭調查。所有商品都是在瑞典阿姆胡特的IKEA of Sweden設計的，但是想要改善人們的生活，要先從了解他們的生活型態開始。因為想要知道居住在當地的人過著什麼樣的生活，所以舉辦家庭調查。進軍新市場時，也是從家庭調查的結果中，找出適合當地市場的進軍策略。

我們透過家庭調查，掌握到了日本人在家裡做什麼、對居家生活有哪些不滿、希望改善家裡哪些地方等，有時候可以從人們的回答或提問中，找到IKEA能提供的服務。

—— IKEA透過家庭調查在日本發現了哪些問題呢？

彼得・李斯特：在日本，我們最常聽到的心聲是消費者很喜歡

以「讓家更有味道」為主題，推出各式商品

在企業策略與新品發表會上，日本IKEA的代表彼得．李斯特向外界介紹各種能讓生活變得更加豐富的商品。

IKEA的家具和設計，但是尺寸太大，不適合日本的房子。因此我們請瑞典的設計師針對日本市場，製作尺寸比較小的家具，今後也會考慮製作尺寸可以收納進壁櫥的家具和商品。

此外，同樣是在日本國內，東京和札幌的住宅大小、生活品質和生活中重視的點等等，也都截然不同。以房屋大小為例，客廳、臥室、浴室和廁所的面積，會因城市而異，因此家具的尺寸也必須按照室內大小而改變。日本IKEA的展示間會參考當地房屋的平均大小來設定坪數，文化、生活方式和人們的喜好等要素，也都會反映在展示間裡。

── 可以請您談談在熊本新開的門市嗎？

彼得．李斯特：家庭調查時，聽到許多消費者希望住家附近就有IKEA的心聲。我們選擇在熊本推出IKEA在日本的第一家衛星店IKEA Touchpoint，一方面是因為熊本位於九州中央，北邊是福岡，在福岡已經有福岡新宮店，而IKEA Touchpoint熊本的定位就是福岡的衛星店，是為了住在九州南方，會特地長途跋涉到福岡購物的顧客而設立；另一方面，九州的形狀細長，位於中央的熊本最適合測試IKEA Touchpoint這種新型態的門市是否能被消費者接受。

一般大型門市的面積是3到4萬平方公尺，IKEA Touchpoint只有1,500平方公尺。IKEA Touchpoint熊本店若能成功，今後就能在其他城市也推出不同於正式門市的小型店。

另外，IKEA Touchpoint由於店面較小，必須多下工夫，才不會讓熊本地區約1萬名左右的IKEA FAMILY會員失望。

交通方便的衛星門市

2015年10月，IKEA在熊本市推出日本首間衛星門市「IKEA Touchpoint」，住在九州南部的人從此去IKEA購物就方便多了。

── 請告訴我們IKEA今後的走向。

彼得．李斯特：今後會引進新的電子商務平台，預定推行多通路零售，幾個月之後就會發表推行的方式與時程。我們認為顧客需要可以透過網路、24小時隨時都能購買IKEA商品的管道。

但是就算推動多通路零售，IKEA的基礎還是實體門市。顧客可以在門市接觸商品，度過愉快的時間，購買的商品也能直接從門市帶回家，當天就開始使用。最重要的是，不管消費者是從哪一個通路連結到IKEA，我們都能提供相同等級的體驗，確保一貫的便利性和效率。

── 請告訴我們日本IKEA今後的目標。

彼得．李斯特：具體目標是在2020年之前，將規模擴大為2013年度的2倍，這是IKEA的全球成長策略。日本門市希望在2020年之前可以增加到14家，至於IKEA Touchpoint由於是新的型態，今後的走向要視熊本店的經營狀況而定。

── 最後請您談談2016年度的型錄。主題是「讓家更有味道」，其中又以「飲食」為主題。為什麼IKEA現在會著眼於飲食呢？

彼得．李斯特：IKEA餐廳就是一個很有代表性的例子。我們至今一直認為飲食也是消費者體驗的一環。IKEA的門市面積寬廣，想逛完一定需要休息的時間，而且人填飽肚子後，心情也會比較好。在IKEA有句話說「肉丸賣出最多沙發」，便是因為顧客在餐廳吃了肉丸，心情大好，結果買了沙發。

這次把焦點放在飲食上，是希望將大眾化設計的概念推廣到飲食的領域。舒適的生活不只建立於家具和雜貨，同時也需要健康和幸福才能達成。

只有一層樓的小型賣場

相較於既有的IKEA門市都是兩層樓建築，熊本店只有一層樓，主要展示難憑型錄照片想像的大型家具或兒童遊戲器材。

另外，飲食還能為家人之間的關係加溫。如果能全家一起做菜，便能一邊用餐一邊對話，而且因為是待在家中，不需要花錢也能玩得很高興。

最近幾年來，IKEA餐廳的菜單出現了很不一樣的變化，例如用蔬菜製作的蔬菜丸、減少飲料中所含的糖份、提供脂肪量比一般霜淇淋更少的優格霜淇淋等等。

提供食譜

圖為日本IKEA製作的蔬菜丸手冊，大約30頁的篇幅都在介紹蔬菜丸的食譜。IKEA的大眾化設計也拓展到飲食的領域。

IKEA Touchpoint熊本

多通路零售策略下的新門市型態

2015年10月23日，日本IKEA的第一間小型門市——IKEA Touchpoint熊本店（以下簡稱熊本店）正式開幕，這家店的定位是同樣位於九州的IKEA福岡新宮店的衛星店。以往熊本市的居民想買IKEA的商品，必須開車兩小時到福岡新宮店，現在可就方便多了。

只有一層樓

衛星店的地板面積是一般門市的十分之一，也只有一層樓，而非一般門市的兩層樓建築。一般門市大約陳列9,500種商品，熊本店只有五分之一，大約是1,800種，因此展示的商品經過精心挑選，以大型家具和兒童遊戲器材等，不容易用型錄或照片展現特色的品項為主。

熊本店不僅商品較少，購買方式也不同於一般門市。除了部份商品之外，都是在門市訂貨，可以指定將貨品送到家中，或是等貨到之後，消費者再親自到門市領取。貨到時間通常是訂購之後的兩天。

熊本店開幕，對九州南部居民的優點，就是運費變得便宜。因為IKEA的運費是根據門市到運送目的地的距離而定。由於熊本位於九州中央，許多區域的運費因此得以降低。

熊本店內設有自助式的咖啡吧，提供受歡迎的肉桂捲和咖啡等輕食，不過一般門市的冷凍．冷藏商品，在此沒有販售。除此之外，也不販售觀葉植物和以公尺為單位販賣的織品。由於沒有餐廳，自然也不會舉辦萬聖節或情人節自助餐等活動。消費者想要參加IKEA舉辦的活動，還是必須造訪一般門市。

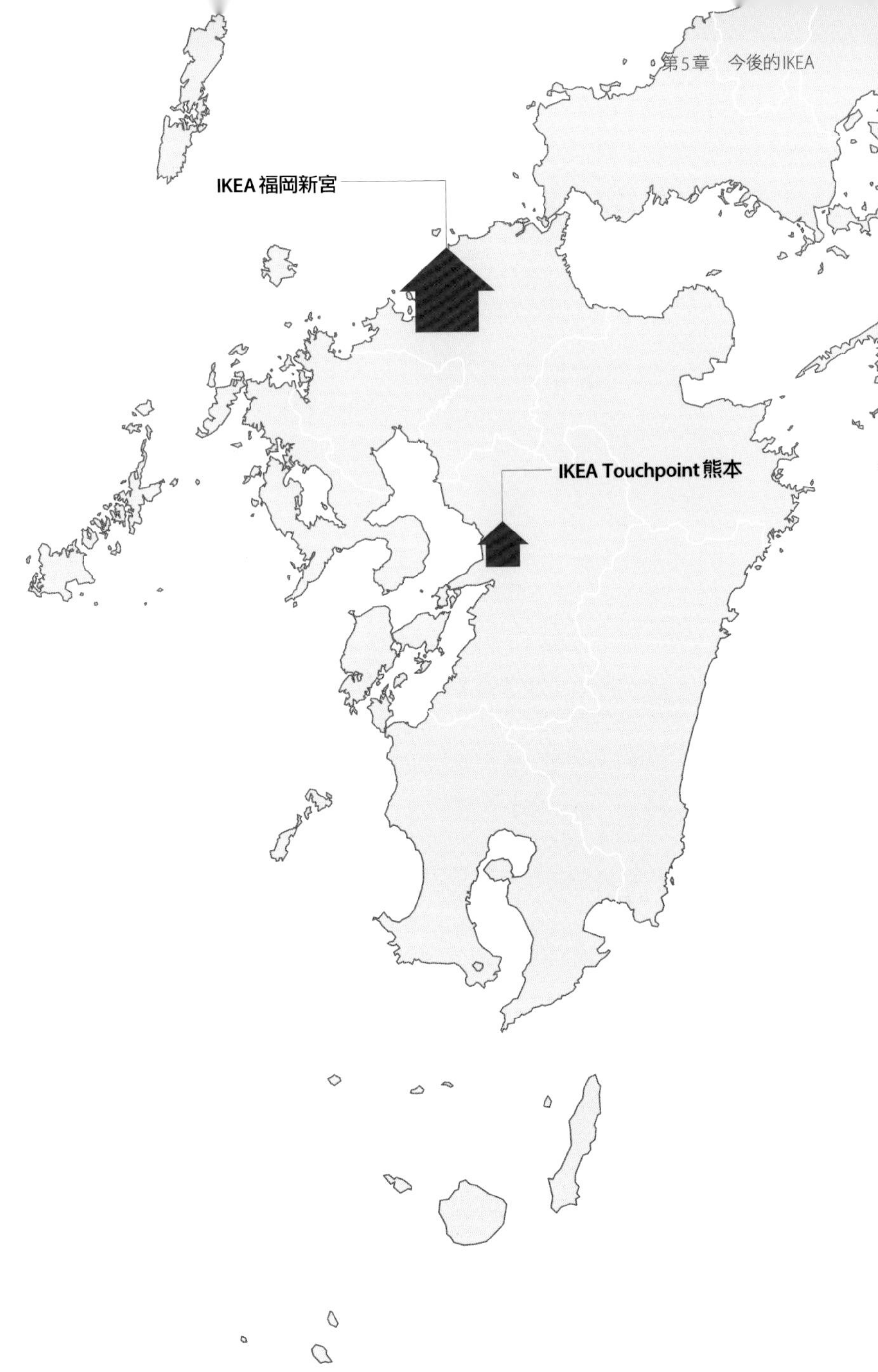
IKEA 福岡新宮
IKEA Touchpoint 熊本

為何選中熊本？

挑選熊本作為日本第一家衛星店開幕的地點，除了交通方便之外，還有兩個原因。

第一個原因，是熊本在九州地區是繼福岡之後，顧客第二多的地區。在IKEA的會員制度「IKEA FAMILY」中，熊本的會員據說高達1萬名以上。而實際上，熊本店舉辦會員限定的試營運活動時，寄出每小時限定50組會員入場的邀請函，所有時段立刻額滿。由此可知，當地居民有多麼熱切期盼IKEA來到熊本。

第二個原因，是熊本縣居民的年齡、家庭成員、自用車和自有住宅的持有比例，最接近日本全國的平均值，因此各大企業經常選在熊本舉辦商品測試。

IKEA Touchpoint熊本店是全日本第一家衛星店，今後IKEA是否還會推出其他衛星店，端看熊本店的發展。無論如何，衛星店和之後預定推出的電子商務，都是IKEA多通路零售計畫的重要支柱，兩者都已經開始啟動了。

吃得到肉桂捲的自助式咖啡吧

IKEA Touchpoint熊本店提供自助式咖啡吧，購物時可稍作休息，在此享用人氣的肉桂捲和咖啡等輕食。

蔬菜丸

負責推廣「飲食讓生活更快樂」的新菜單

2015年夏天，IKEA餐廳的招牌菜「瑞典肉丸」出現了新口味——以蔬菜製作的「蔬菜丸」和以雞肉製作的「雞肉丸」。IKEA餐廳的菜單在這幾年來出現了大幅改變，原因就是人們的飲食變得更多樣化、生活型態也跟以往不同。

說到IKEA餐廳的招牌菜，就是全世界每天賣掉290萬個的熱銷商品「瑞典肉丸」，從2015年8月開始又加入蔬菜和雞肉兩種新口味。

熱量只有一半

蔬菜丸的原料，只有青豆仁、玉米和紅蘿蔔三種蔬菜，不但健康，由於完全不含動物性成份，素食者也能安心食用。

雞肉丸則是用雞肉做成的肉丸，不含麩質（來自小麥等穀物）和乳糖（來自奶製品），對特定食品過敏的人也能安心食用。相較於每100公克卡路里250大卡的瑞典肉丸，每100公克的蔬菜丸，只有140大卡，雞肉丸更低，只有126大卡，熱量大幅減少。

此外，餐廳和美食小站也於2016年推出優格霜淇淋和半甜氣泡飲品等新產品。優格霜淇淋是低脂的健康甜點，有著優格的清爽酸味，卡路里只有一般霜淇淋的一半。半甜氣泡飲品則是添加天然香料的甜味碳酸水，有小紅莓、洋梨和檸檬三種口味，預定於IKEA餐廳的飲料吧提供（參考58頁）。

依照國情與生活型態，飲食文化與飲食習慣也隨之多樣化。IKEA在餐飲領域更加用心，從餐廳的菜單開始下工夫，想要提供更多消費者愉快享受美味的空間。

IKEA的新招牌菜——蔬菜丸
藍色盤子上的食物從左到右分別是「瑞典肉丸」、「蔬菜丸」和「雞肉丸」。除了可以在餐廳品嘗之外，在IKEA門市中的瑞典食品超市也買得到。

飲食的大眾化設計

IKEA之所以會注重飲食，就是因為想把IKEA的經營理念「大眾化設計」拓展至餐飲的領域。為了瞭解世界各國的生活形態與飲食喜好，利用網路調查了飲食環境與習慣。調查對象是斯德哥爾摩、紐約和東京等9個都市中，18歲到60歲的男女居民，合計共9,500人。

調查結果顯示，在這9個城市中認為自己的人生很幸福的人，東京最少。此外，從整體的傾向來看，愈是覺得用餐快樂的人，愈能覺得每天的生活很幸福。

也就是說，享受日常的每一餐和覺得生活是否充實息息相關。IKEA的大眾化設計已經在居住的領域建立起品牌，接下來將拓展至餐飲的領域。今後，在生活中的各個領域，都可以看到IKEA的可能性。

不能吃肉丸的人也可以食用

蔬菜丸的原料是蔬菜，不含動物性成份和麩質等過敏原，因此素食者、過敏患者和節食中的人都可以食用。

生活風格 086

非買不可！
IKEA 的設計

「買わずにいられない！」イケアのデザイン

編者 — 日經設計
譯者 — 陳令嫻
攝影 — 明智直子、谷本隆

事業群發行人／CEO／總編輯 — 王力行
副總編輯 — 周思芸
生活館總監 — 丁希如
責任編輯 — 李依蒔
封面・美術設計 — 文皇工作室（特約）

出版者 — 遠見天下文化出版股份有限公司
創辦人 — 高希均、王力行
遠見・天下文化・事業群　董事長 — 高希均
事業群發行人／CEO — 王力行
出版事業部副社長／總經理 — 林天來
版權部協理 — 張紫蘭
法律顧問 — 理律法律事務所陳長文律師
著作權顧問 — 魏啟翔律師
地址 — 台北市 104 松江路 93 巷 1 號 2 樓
讀者服務專線 — 02-2662-0012 ｜ 傳真 — 02-2662-0007, 02-2662-0009
電子信箱 — cwpc@cwgv.com.tw
直接郵撥帳號 — 1326703-6 號　遠見天下文化出版股份有限公司

製版廠 — 東豪印刷事業有限公司
印刷廠 — 立龍藝術印刷股份有限公司
裝訂廠 — 晨捷印製股份有限公司
登記證 — 局版台業字第 2517 號
總經銷 — 大和書報圖書股份有限公司　電話／(02)8990-2588
出版日期 — 2017/03/30 第一版第一次印行

“KAWAZUNI IRARENAI!” IKEA NO DESIGN written by Nikkei Design.
Copyright © 2015 by Nikkei Business Publications, Inc. All rights reserved.
Originally published in Japan by Nikkei Business Publications, Inc.
Traditional Chinese translation rights arranged
with Nikkei Business Publications, Inc.
through BARDON-CHINESE MEDIA AGENCY.

定價 — NT380
ISBN — 978-986-479-186-6
書號 — BLF086
天下文化書坊 — bookzone.cwgv.com.tw

本書如有缺頁、破損、裝訂錯誤，請寄回本公司調換。

國家圖書館出版品預行編目(CIP)資料

非買不可！IKEA的設計 /
日經設計 編. 陳令嫻 譯
第一版. -- 臺北市 :
遠見天下文化, 2017.03
面；　公分. --（生活風格 ; BLF086）
譯自 :「買わずにいられない！」イケアのデザイン

ISBN 978-986-479-186-6（平裝）

1.宜家公司（IKEA） 2.家具業 3.設計管理

487.91　　106003675